Python

**実践
Python
ライブラリー**

Pythonによる
ファイナンス
入門

中妻照雄 [著]

朝倉書店

はしがき

　本書は，著者が所属する慶應義塾大学経済学部で担当する講義において使用するため，過去 10 年以上にわたって書き溜めてきた講義ノートに基づいている．そもそも経済学部の 3・4 年生を対象にファイナンス理論の基礎を教える「ファイナンス入門」という科目を担当したことを切っ掛けとして，著者はファイナンスの講義ノートを本格的に作成するようになった．ファイナンスの講義できちんと証明などを解説しようとすると，黒板いっぱいに数式を書いては消すという作業を何度もしなければならない．毎回の授業で学生に数式を延々とノートに書き写させるのも大変だと思い，著者自身の備忘録の意味も込めて，数式を綺麗に出力できることから LaTeX で講義ノートを整備し，学生にネット経由で配布することにした．

　それ以来，「ファイナンス入門」の担当を外れても，学部 2 年生を対象とする「自由研究セミナー」，学部 3・4 年生を対象とする「研究会（ゼミナール）」などの少人数セミナー形式の科目でファイナンスを教えるために，ポートフォリオ理論や金融派生商品（デリバティブ）の価格評価などの基本事項に加えて，その時々の新しい話題を盛り込みつつ，毎年講義ノートの内容を拡充していった．そして，ついには A4 用紙で 200 ページを超える大部になり，今では「中妻ゼミのファイナンス・ノート」というと知る人ぞ知る存在になっている．

　長年温めてきたファイナンス・ノートではあるが，数多のファイナンス関連の教科書が流通している状況の中であえて書籍化する気持ちにはなれないでいた．しかし，たまたま Python に関する書籍を執筆する企画を朝倉書店からいただいたとき，このファイナンス・ノートの内容を Python で実行する方法を懇切丁寧に説明する内容にすれば，まだ日本では類書が少ないファイナンスへの応用を前提にした Python の教科書に仕上がるのではないかと考え，本書の執筆を決意した次第である．

　海外で出版されているファイナンスのための Python の教科書・解説書（例

えば，Hilpisch (2014) や Ma (2015) など）は，ファイナンスの実務で必要とされる各種の数値計算を Python で行う手順についての解説に重きが置かれている．そのためファイナンスの初学者が自習目的で読み進めるには理論の説明が少ない一方で内容が高度すぎるなど少し不親切な印象が強い．また，この手の解説書には Python の文法であるとかインストールの方法など別の書籍で補完できる情報も含まれていることが多い．本書ではプログラミングを少しかじった程度の知識があることを前提に，Python の説明は必要最小限にとどめ，あくまでもファイナンス理論の入門を主たる目的としつつ，大学の教養レベルの微分積分，線形代数，統計学の知識を持つ初学者が一歩ずつ自習を進めることができるような構成にしている．数学の証明も本文中や付録においてできるだけ詳細に説明するように努めているつもりである．読者の皆さんには，本書を活用して Python に慣れ親しみながらファイナンスの理論的基礎をしっかりと身につけ，さらに高度な内容の書籍に挑戦していってもらいたい．

　2018 年 1 月

中 妻 照 雄

目　　次

1 は じ め に

　金融・ファイナンスの実務では文字通り「お金」を扱うわけであるから，金融取引に関する数字の記録と計算は必要不可欠な作業である．江戸時代の両替商であれば読み・書き・算盤ができればよかったのだろうが，21 世紀に生きるファイナンスの実務家ならば，プログラミング言語の読み・書き，そして現代の算盤「コンピュータ」を使いこなせなくては一人前とはいえないだろう．

　ファイナンスの実務の様々な局面においてコンピュータの利用は急速に拡大し，その使われ方も高度化している．そもそも伝統的な証券投資による資産運用の現場において，資産配分の決定やリスク管理の業務のためにはコンピュータの利用が必要不可欠である．クオンツと呼ばれる高度な数学を駆使してのデリバティブの開発においても，金融商品の仕組みが複雑になればなるほど解析的に適切なプレミアム（価格）の算定をすることが難しくなるため，もっぱらコンピュータによる数値演算に頼ることになる．金融市場における取引の多数を占めるようになった高頻度取引 (High Frequency Trading, HFT) はナノ秒を争う戦いである．そこに人の判断が介在する余地はない．アルゴリズム取引と呼ばれる人工知能 (AI) の判断に売買の意思決定を委ねる手法を超高速で行わない限り勝負にならないのである．さらにフィンテックと総称される金融技術の領域では，ティックデータと呼ばれる注文単位の高頻度データや，ニュースフィードやソーシャル・ネットワーク・サービス (SNS) などから抽出されたテキスト・データなどの膨大なデータ（ビッグデータ）を，機械学習・AI などを駆使してトレーディングに活用する試みが盛んである．さらに，スマートフォンの普及，E コマースの拡大，IoT (Internet of Things) の進展により，位置情報や購買記録を含む膨大なライフログ・データの収集が可能となりつつある．このビッグデータの活用もフィンテックの重要なテーマとなっている．

　このように今やファイナンスとコンピューティングは切っても切れない関係になっているが，ファイナンスの実務で使われるプログラミング言語は様々である．C/C++，JAVA などの人気は根強い．MATLAB のような商用ソフトウェアも使われるし，データ分析のツールとしては無料ということもあって R も使われている．未だにエクセル VBA も現役である．その中で近年頭角を現してきたプログラミング言語が Python で

ある．Python は無料で使えるオープンソースのプログラミング言語であり，比較的綺麗で読みやすいコードが書ける仕様であることから人気が出てきている．実は Python という言語自体が標準で持つ数値演算やデータ処理の機能は限定的である．しかし，パッケージと呼ばれる追加機能のライブラリが科学技術計算やデータサイエンスの方面で充実しているため，特に機械学習・AI の分野で Python はデファクト・スタンダードになりつつある*1)．

　以上述べてきたように，ファイナンスの世界で活躍していくためにはコンピュータを活用する技能，特にプログラミングの技術は必要不可欠の素養となりつつある．このことを鑑み，ファイナンスの実務家や研究者の Python プログラミング習得の一助となるために，本書ではファイナンスと Python プログラミングの基本を解説する．目次からもわかるように本書が扱っているトピックスは

- 企業や事業に対する投資の判断に不可欠の現在価値と内部収益率
- 資金運用のための基本的な投資手段としての債券
- 資産運用におけるリターンとリスクのバランスをとるためのポートフォリオ選択
- デリバティブの代表格としてのオプションの価格評価

というファイナンスの教科書としては極めてオーソドックスな内容である．この内容を学びたいのであれば，別に本書に頼らなくても書店に行けば書棚一面に並んでいるファイナンスに関する解説書のどれか一つを選んで読めば十分だろう．しかし，多くのファイナンスの解説書では，基礎的概念の説明，重要な公式の証明，わかりやすく解説するための豊富な事例などが提供されるものの，実務や研究の現場で実際に公式を使うために必要なプログラミングのコツ・勘所まで記述しているものは少ないのではないだろうか．一方，ファイナンスのためのプログラミングに特化した解説書は実務家や研究者が現場ですぐに使えることを前提に書かれているため，ファイナンスの初学者，そしてプログラミングの初心者にとっては敷居の高い内容となってしまう傾向があるのは否めない．

---

*1)　Python に限らず，オープンソースのソフトウェアの栄枯盛衰には利用者の数が大きく関わってくる．無料で配布が前提である以上，ソフトウェアのヘビーユーザーが有志として開発コミュニティの中核を形成することが多い．そのため利用者がいないソフトウェアは開発者も集まらないということになり，ソフトウェアの機能の強化が全く進まなくなる．このことがまた利用者離れを起こして，悪循環となり，最後にコミュニティ自体が雲散霧消してしまう．たとえオープンソースで配布が自由といっても，コミュニティが消滅してしまうと（そして，オリジナルの開発者も撤退してしまうと）バグの修正もセキュリティの強化もままならない状態になるのである．その点，Python は利用者が増え続けているので，そのコミュニティは拡大傾向にあり，次々と新バージョンが発表され，パッケージの開発と拡張も盛んに行われている．利用者が多いということは，ネットで Python についてわからないことを検索したり質問したりしても答えを得やすいという利点もある．

　本書の主な狙いは，ファイナンスの基本事項を確実に押さえながら，読者にプログラミング言語 Python に慣れ親しんでもらい，読者自身の手でプログラムを書いたり動かしたりしてファイナンスの問題を解く感覚を身に付けてもらうことである．本書が想定する読者層は，

- 一般向けの解説書（例えば『漫画で学ぶファイナンス』といった類の入門書）を超えて，しっかりとファイナンスの理論的基礎を習得したいファイナンスの初学者
- プログラミングの全くの素人ではないが，Python によるプログラミングの基礎を学びたい Python の初心者
- Python をファイナンスの実務や研究に生かしたいが，敷居が高く感じられて手が出なかったファイナンスの中級レベルの人

などである．初学者・初心者を対象とする本書の性格上，そしてファイナンスの基礎を学びつつ同時に Python にも慣れるという「二兎を追う」内容である以上，本書で扱うトピックスの数と難易度は極力抑え気味にしているつもりである．しかし，いくら「初学者向け」といっても全くの前提知識なしに本書の内容を理解することはできない．本書を読み進めるためには，少なくとも大学の教養レベルの微分積分，線形代数，統計学の知識は必須である．コンピュータのプログラミングについても，Python 以外の何らかのプログラミング言語に関してプロ並みとはいかなくても簡単なプログラムを書いた経験があると理解が早いだろう．紙数の制約のため本書だけで Python の機能や文法のすべてを詳細に説明することは不可能である．Python の解説書は数多く出版されているから，どれか一つを辞書代わりに手元に置いておくと何かと便利だろう．

　Python は便利な言語であるが，分析に必要なパッケージのインストールを問題なく行うことは結構大変である．特に経済学部で教鞭をとるものとして著者が直面してきた問題は，コンピュータ・リテラシーが必ずしも高くない文系の学生にどうやって Python とそのパッケージのインストールを円滑に行わせるかであった．しかし，この問題は Anaconda 社 (https://www.anaconda.com) が無料で配布している Anaconda を使うことで概ね解消される．このウェブサイトから Anaconda のインストーラをダウンロードすることで，かなり簡単にファイナンスのための数値演算やデータ処理に必要なパッケージをまとめてインストールできてしまう．Anaconda 以外にも同様のディストリビューションは存在するが，本書では原則として Python3.x 系 Anaconda の利用を前提に Python の演習を行う．Python には古い Python2.7 系と新しい Python3.x 系が存在する．本書の執筆時点で Python2.7 系のサポートは 2020 年で終了することが決まっているため，新たに Python を学ぶのであれば Python3.x を選ぶべきであろう．しかし，パッケージによっては 3.x 系に対応していないものもある（例えば本書の第 4 章と第 5 章で使用する CVXPY は Windows では 2.7 系でなければ動かな

い）ので，注意が必要である．本書では

Windows:　2.7 系（第 4 章と第 5 章の数値例），3.x 系（その他の数値例）

macOS と Linux:　3.x 系（すべての数値例）

という使い分けを行う．

Anaconda に付属する Python のコードを実行する環境としては，

- **Python**

  Python の標準 CLI (**C**ommand-**L**ine **I**nterface) 実行環境．ターミナルで（Windows では `Anaconda Prompt` を起動してから）`python` とタイプすることで起動できる．

- **IPython**

  コマンドライン機能を強化した Python の CLI 実行環境．ターミナルで `ipython` とタイプする（Windows ではスタートメニューから `IPython` を選ぶ）ことで起動できる．

- **Qt Console**

  グラフィック機能を強化した IPython の実行環境．ウィンドウ内でのグラフ表示などができる．ターミナルで `jupyter qtconsole` とタイプする（Windows ではスタートメニューから `Jupyter QTConsole` を選ぶ）ことで起動できる．

- **Spyder**

  Python の統合開発環境 (IDE)．ターミナルで `spyder` とタイプする（Windows ではスタートメニューから `Spyder` を選ぶ）ことで起動できる．CLI のコンソール，エディタ，デバッガなどが GUI (**G**raphical **U**ser **I**nterface) で統合されている．

- **Jupyter Notebook**

  ブラウザ上で Python を実行する環境．サーバー上で Jupyter Notebook を起動し，ブラウザを介して遠隔で Python を実行することができる．ローカル環境でもターミナルで `jupyter notebook` とタイプする（Windows ではスタートメニューから `Jupyter Notebook` を選ぶ）と起動できる．

などがあるが，どれを使うかは読者の好みに委ねる．

最後に，本書を読破した後にもっとファイナンスについて学びたい読者には，

- ファイナンス全般について幅広く紹介している教科書として Luenberger (2013)，
- 本書第 3 章で扱う債券分析について詳細に説明している専門書として de La Grandville (2001)，
- 本書第 4 章で扱う平均分散アプローチについて理論的に解説している専門書として池田 (2000)，
- 本書第 5 章で扱うファイナンスのための最適化問題を包括的に解説している専門

書として梶々木 (2001),

● 本書第 6 章で扱うデリバティブの価格評価の代表的教科書として Hull (2015),

を薦めたい.

2 金利，現在価値，内部収益率

本章では，まず最初に，単利と複利の差，連続複利や現在価値などのファイナンスにおける基礎的概念を学ぶ．そして，事業価値評価において投資判断の規準として広く使われる正味現在価値と内部収益率の仕組みを学習し，これらを Python で計算する演習を行う．

2.1 単利，複利，現在価値

時点 t $(t \geq 0)$ において投資家が保有する資金を $W(t)$ 円と表記する．仮に 1 円を元本として 1 年間銀行の預金口座に預けたときに利子として受け取る金額を r 円としよう．このとき投資家が時点 0 に資金 $W(0)$ 円を預金口座に預け入れると，1 年後には元本と利子を併せて $(1+r)W(0)$ 円が当該口座に入っていることになる．r は利率と呼ばれる．以下では特に断らない限り，通貨の単位は日本円，r は年率，t は年単位で現時点を $t = 0$ として起算しているとする．預金の利子が単利で支払われるとき，$W(0)$ 円を t 年間口座に預けると，元利合計金額は

$$W(t) = (1 + rt)W(0), \tag{2.1}$$

となる．単利で資金を運用することは，毎年得られる利子を一切再投資することなく現金のまま手元に置くことを意味する．一方，**複利**で利子が支払われるときは，同じく t 年間 $W(0)$ 円を口座に預けたとして，元利合計金額は

$$W(t) = (1 + r)^t W(0), \tag{2.2}$$

である．複利で資金を運用することは，毎年得られる利子を翌年以降も預金口座に残して再投資することに等しい．つまり，

$$W(1) = (1+r)W(0),$$
$$W(2) = (1+r)W(1) = (1+r)^2 W(0),$$
$$W(3) = (1+r)W(2) = (1+r)^2 W(1) = (1+r)^3 W(0),$$
$$\vdots$$
$$W(t) = (1+r)W(t-1) = (1+r)^2 W(t-2) = \cdots = (1+r)^t W(0),$$

である. 1 年間に M 回（$M = 2$ なら半年ごと, $M = 12$ なら 1 ヶ月ごと）利子が支払われ再投資が行われる場合, 1 年後の元利合計金額は

$$W(1) = \left(1 + \frac{r}{M}\right)^M W(0), \tag{2.3}$$

であり, t 年間口座に預けると元利合計金額は

$$W(t) = \left(1 + \frac{r}{M}\right)^{Mt} W(0), \tag{2.4}$$

となる.

次に, 利子を受け取る時間間隔を毎月, 毎週, 毎日, 毎時, 毎分, 毎秒と短くしていったときの極限を考えよう. これは言い換えると, 1 年間に利子を受け取る回数 M が無限に増えていくことになるので, 極限では利子が切れ目なく連続的に支払われることを意味する. ネイピア数 e の定義

$$e = \lim_{x \to \infty} \left(1 + \frac{1}{x}\right)^x, \tag{2.5}$$

を使うと, (2.3) 式は以下の表現に収束する.

$$\begin{aligned}
W(1) &= \lim_{M \to \infty} \left(1 + \frac{r}{M}\right)^M W(0) \\
&= \left\{ \lim_{M \to \infty} \left(1 + \frac{r}{M}\right)^{\frac{M}{r}} \right\}^r W(0) \\
&= \left\{ \lim_{x \to \infty} \left(1 + \frac{1}{x}\right)^x \right\}^r W(0) \\
&= e^r W(0), \quad x = \frac{M}{r}. \tag{2.6}
\end{aligned}$$

したがって, t 年間口座に預けると

$$\begin{aligned}
W(t) &= \left\{ \lim_{M \to \infty} \left(1 + \frac{r}{M}\right)^M \right\}^t W(0) \\
&= \left\{ \lim_{M \to \infty} \left(1 + \frac{r}{M}\right)^{\frac{M}{r}} \right\}^{rt} W(0) \\
&= e^{rt} W(0), \tag{2.7}
\end{aligned}$$

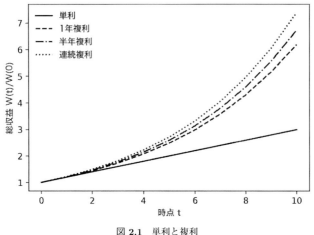

図 2.1 単利と複利

が元利合計金額となる．以上のように連続的に利子が支払われるような状況を仮定して利子の計算を行うことを**連続複利**と呼ぶ．もちろん現実には利子が連続的に支払われることはない．しかし，数学上の扱いが容易になることからファイナンスでは連続複利を使う場合も多い．

以上をまとめると，時点 0 から t 年間の固定利率 r で運用したときの資産の増分（以下，**総収益**と呼ぶ）は

$$\frac{W(t)}{W(0)} = \begin{cases} (1+r)^t, & (1\ \text{年複利}), \\ \left(1+\frac{r}{M}\right)^{Mt}, & (\frac{1}{M}\ \text{年複利}), \\ e^{rt}, & (\text{連続複利}), \end{cases} \tag{2.8}$$

となる．(2.8) 式の中の「$\frac{1}{M}$ 年複利」という表現はあまり聞かないと思うが，例えば $M = 2$ であれば $\frac{1}{2}$ 年複利つまり半年複利となるので，本書では統一的な表現として「$\frac{1}{M}$ 年複利」を使う．

数式ばかりではイメージが湧かないと思うので，具体的に単利と複利の差をグラフで見てみよう．図 2.1 では，利率を 20%，つまり $r = 0.2$ としたときの単利（実線），1 年複利（破線），半年複利（鎖線），連続複利（点線）の運用収益を図示している．年率 20%というのはかなりの高金利であるが，単利と複利の差を明確に出すために意図的に高めに設定している．図 2.1 の横軸には運用期間における時点 t を，縦軸には (2.8) 式の運用の総収益 $\frac{W(t)}{W(0)}$ をとっている．単利の場合，(2.1) 式の定義からわかるように直線的に総収益が増加していることがわかる．1 年複利の場合には総収益のグラフは曲線となり，各時点で単利の総収益である直線を上回っている．したがって，同じ期間で運用するのであれば 1 年複利の方が単利よりも有利であることがわかる．半年複

利 ($M = 2$) の総収益の曲線は，いつの時点でも 1 年複利の曲線の上に位置している．よって，同じ利率 (20%) であれば半年複利の方が有利といえる．一般に，1 年間の利子支払い回数 M を増やしていくと，総収益の曲線は上方に大きく曲がっていく．しかし，それにも限度が存在する．それが図 2.1 の連続複利の曲線である．

▶ 単利と複利の比較

コード 2.1 (pyfin_interest.py)

```python
# -*- coding: utf-8 -*-
#   NumPyの読み込み
import numpy as np
#   MatplotlibのPyplotモジュールの読み込み
import matplotlib.pyplot as plt
#   日本語フォントの設定
from matplotlib.font_manager import FontProperties
import sys
if sys.platform.startswith('win'):
    FontPath = 'C:\Windows\Fonts\meiryo.ttc'
elif sys.platform.startswith('darwin'):
    FontPath = '/System/Library/Fonts/ヒラギノ角ゴシック W4.ttc'
elif sys.platform.startswith('linux'):
    FontPath = '/usr/share/fonts/truetype/takao-gothic/TakaoExGothic.ttf'
jpfont = FontProperties(fname=FontPath)
#%% 単利と複利の比較
r = 0.2        # 利率 20%
Maturity = 10 # 運用期間 10年
Simple_Rate = 1.0 + r*np.linspace(0, Maturity, Maturity + 1)
Compound_1year = np.r_[1.0, np.cumprod(np.tile(1.0 + r, Maturity))]
Compound_6month = np.r_[1.0, np.cumprod(np.tile((1.0 + r/2.0)**2, Maturity))]
Continuous_Rate = np.exp(r*np.linspace(0, Maturity, Maturity + 1))
fig1 = plt.figure(1, facecolor='w')
plt.plot(Simple_Rate, 'k-')
plt.plot(Compound_1year, 'k--')
plt.plot(Compound_6month, 'k-.')
plt.plot(Continuous_Rate, 'k:')
plt.legend([u'単利', u'1年複利', u'半年複利', u'連続複利'],
            loc='upper left', frameon=False, prop=jpfont)
plt.xlabel(u'時点 t', fontproperties=jpfont)
plt.ylabel(u'総収益 W(t)/W(0)', fontproperties=jpfont)
plt.show()
```

実は図 2.1 の作成には Python を使用している．作図に使った Python コードは，コード 2.1 である．Python の学習の手始めとして，このコード 2.1 を 1 行 1 行読みながら，Python のどのような機能を使うと図 2.1 のようなグラフが描けるのかを見

ていこう．第 1 行目

```
1 | # -*- coding: utf-8 -*-
```

は文字コードに関する宣言文である．コードの中の文字がアルファベット (A〜Z, a〜z) や算用数字 (0〜9) などの所謂「半角文字」だけである限り，文字コードを意識する必要はない．しかし，日本語の漢字や仮名などの所謂「全角文字」を使用する際には文字コードに注意しなければならない．コンピュータ上での日本語処理のために，歴史的経緯から様々な文字コード（JIS，EUC-JP，Shift_JIS など）が使用されてきた．現在は UTF-8 にまとまりつつあるが，環境によっては俗にいう「文字化け」の問題が発生する．この第 1 行目は，コードで使用する文字コードが UTF-8 であることを宣言している．異なる OS 環境で同じコードを動かしたいときには，文字コードを UTF-8 に統一しておいた方がよいだろう．次の#で始まる行

```
2 | # NumPyの読み込み
```

はコメント文であり，コンピュータ上の処理においては単に読み飛ばされてしまうだけの行である．しかし，コードを作成する人間にとっては一種の「メモ書き」の機能を有している．コードの各部分がいかなる目的・意図で書かれているのかを明確にするために，コード内に適宜コメント文を入れることが広く推奨されている．また，#はコードの検証などの目的で特定の行を一時的に実行しないようにするために，行の先頭に#を入れてコンピュータに無視するよう指示する（コメントアウトと呼ばれる）ときにも使用される．第 2 行目は，読んで字のごとく NumPy というパッケージを次の行で読み込んでいることを示している．

　実のところ標準の Python で使える機能はかなり限られている．しかし，パッケージと呼ばれる追加機能をインストールすることで，Python は数値解析やデータ解析の実用に耐えうる強力なソフトウェアに拡張される．第 3 行目の

```
3 | import numpy as np
```

では，NumPy というベクトル形式や行列形式のデータとその演算処理，様々な数値解析用の追加の関数群を提供してくれる Python のパッケージを読み込んでいる．NumPy のすべての機能を紹介することは紙数の制約で不可能であるため，公式ウェブサイトのオンライン・ドキュメントを参考にしてほしい．実は import numpy とすることでも NumPy の読み込みはできるが，この場合は NumPy の関数を呼び出すたびに "numpy." という接頭辞が必要になる．例えば，NumPy が提供する指数関数 exp() を使いたいときは numpy.exp() とする必要がある．しかし，as np を追加す

ると, `np.exp()` とするだけで NumPy の指数関数が使用できる. パッケージによっては接頭辞はかなり長くなることもあるので, `as` を活用すべきである. さらに付け加えると, `from numpy import *` とすることで接頭辞を完全に省略して関数を使用することも可能である（例えば, 指数関数は単に `exp()` と表記するだけで使えるようになる）. しかし, この場合には深刻な問題が生じるかもしれない. Python 向けに開発された数多くのパッケージには同じ名前の関数が存在することがあるため, 次々とパッケージを読んでいくと前に `import` で読み込まれたパッケージの関数が後から `import` で読み込まれたパッケージの同名の関数で置き換えられてしまう可能性がある. これを避けるためにも必ず接頭辞は付けるように心がけた方がよいだろう. 第4行目のコメント文で言及しているように, 第5行目の

```
5 | import matplotlib.pyplot as plt
```

では, Matplotlib というパッケージの中の pyplot というモジュールを読み込んでいる（モジュールはパッケージに内包された特定の機能に特化した小パッケージとして位置付けられる）. もし `as plt` を省くと "`matplotlib.pyplot.`" を接頭辞にしなければならないことに注意しよう. pyplot は, Python において図 2.1 のようなグラフを作成するために必須のモジュールである. 使い方は後で説明する.

コード 2.1 の第7〜15行では, pyplot で作成するグラフ内で日本語の文字（漢字や仮名など）を表示するための設定を行っている. 多くの環境において, 初期設定のままでは pyplot で作成した図の表題, 軸のラベル, 凡例などに漢字や仮名を使用すると文字化けしてしまう. これは pyplot が標準で使用するフォントに日本語対応のものが含まれていないからである. そのため明示的に日本語フォントを指定する必要がある. まず第7行目

```
7 | from matplotlib.font_manager import FontProperties
```

において Matplotlib 内のモジュール font_manager から関数 `FontProperties()` だけを読み込んでいる. これは pyplot の作図関数で使用するフォントを設定するための関数である. 次の行

```
8 | import sys
```

でパッケージ sys を読み込んで, 使用しているシステムの OS を判定するための関数 `sys.platform.startwith()` が使えるようにする. この関数は, システムの OS の名前がある文字列（例えば Windows ならば win）で始まっていれば真 (True), そうでなければ偽 (False) を返す. これを利用してシステムの OS を判定し, OS に標準で

付属する日本語フォントを pyplot の作図関数が認識できるようにするのが狙いである．続く

```
 9  if sys.platform.startswith('win'):
10      FontPath = 'C:\Windows\Fonts\meiryo.ttc'
11  elif sys.platform.startswith('darwin'):
12      FontPath = '/System/Library/Fonts/ヒラギノ角ゴシック W4.ttc'
13  elif sys.platform.startswith('linux'):
14      FontPath = '/usr/share/fonts/truetype/takao-gothic/TakaoExGothic.ttf'
```

においては，Windows，macOS，Linux (Ubuntu) の場合に応じて日本語フォントのある場所を変数 FontPath に設定している．if 文は多くのプログラミング言語で使われる条件分岐の構文であり，Python における基本的用法は以下の通りである．

```
if 条件 1:
    条件 1が満たされたときに実行されるブロック
elif 条件 2:
    条件 2が満たされたときに実行されるブロック
elif 条件 3:
    条件 3が満たされたときに実行されるブロック
（以下，elif 文の繰り返し）
else:
    どの条件も満たされなかったときに実行されるブロック
```

最初の if に続く表現が真であるときのみ（ここでは OS の名前が win で始まるときのみ）直下の FontPath = 'C:\Windows\Fonts\meiryo.ttc' を実行する．Python の if 文では条件の末尾には必ずコロン (:) を置かなければならない．そして，条件が満たされたときに実行される行には必ず「字下げ」が必要である．この字下げ（通常は tab キーを押すだけで済む）によって if 文などのブロックを指定させられるという点は，他のプログラミング言語に見られない Python の大きな特徴である．次の elif 文は else if の略であり，前の if 文の条件が満たされないときに評価すべき条件を指定している．ここでは OS の名前が darwin で始まる（つまり macOS である）ときに FontPath = '/System/Library/Fonts/ヒラギノ角ゴシック W4.ttc' を実行することになる．次の elif 文は OS が Linux[1]であるかどうかを判定し，日本語フォントの場所を指定している．このコードでは使用していない else 文は，先立つすべての if 文と elif 文の条件が満たされない場合に実行されるブロックを指定する

---

[1]　本書では Linux として Ubuntu を想定している．他の Linux ディストリビューションを読者が使用している場合は，各自で日本語フォントの場所を探して修正する必要がある．例えば，CentOS の場合は/usr/share/fonts/vlgothic/VL-Gothic-Regular.ttf とすればよい．

文である. そして, 第 15 行目

```
15 │ jpfont = FontProperties(fname=FontPath)
```

で関数 FontProperties() を使って作図で使用するフォントを FontPath にある日本語フォントに指定するための jpfont を作成する. この jpfont の使い方は後で明らかになる. ここまでの作業でグラフ内で日本語を表示する準備の出来上がりである.

　今まで見てきたコード 2.1 の最初の 15 行は, Python で数値解析や作図を行うためのパッケージやモジュールの読み込みなどの基本的な設定を行う部分である. そのため本書で解説する Python コードのほぼすべてに現れることになる. したがって, この部分に大きな変更点がない限り, 今後は詳しく説明はしないつもりである.

　いよいよ Python コードで作図を行う部分を見てみよう.

```
17 │ r = 0.2        # 利率 20%
18 │ Maturity = 10 # 運用期間 10年
```

ここでは利率の値を格納する変数 r に 0.2 (20%) を, 運用期間の値を格納する変数 Maturity に 10 （年）を代入している. この数字をいろいろ変えてみることで, 総収益の曲線の形状が変化するので, 読者は各自で試してほしい.

```
19 │ Simple_Rate = 1.0 + r*np.linspace(0, Maturity, Maturity + 1)
```

この行では単利の総収益の曲線を描くための数値を計算している. 関数 np.linspace() は等間隔のグリッドを生成する NumPy 関数で, その用法は

┌───┐
│ np.linspace(グリッドの起点, グリッドの終点, グリッド上の点の数) │
└───┘

である. 運用の開始時点は 0 で変数 Maturity の値 （ここでは 10）が運用の終了時点である. 時点間隔は 1 （年）なのでグリッド上の点の数を Maturity + 1, つまり 11 にしている. 生成されたグリッド $\{0, 1, \ldots, 10\}$ は「NumPy 配列」[*2) と呼ばれるベクトル形式 （1 次元の NumPy 配列は行ベクトルとして処理される）の変数に格納される. 1.0 + r*np.linspace(...) では, np.linspace(...) で生成した NumPy 配列の各要素に利率 r を掛けて 1.0 を足している. 線形代数で習うベクトルの演算と同じように, NumPy 配列の各要素に対してもスカラー値の四則演算を一括して適用できる. 最後に単利の総収益の計算結果を NumPy 配列 Simple_Rate に格納して作業は終了する.

[*2) Python でも標準で似たような「配列」を使えるが, ベクトルや行列としての演算を適用することはできない.

```
20 | Compound_1year = np.r_[1.0, np.cumprod(np.tile(1.0 + r, Maturity))]
21 | Compound_6month = np.r_[1.0, np.cumprod(np.tile((1.0 + r/2.0)**2, Maturity))]
```

上の 2 行では 1 年複利と半年複利の総収益を計算し，結果をそれぞれ Compound_1year，Compound_6month という NumPy 配列に格納している．両者の違いは，1.0 + r と (1.0 + r/2.0)**2 の部分だけである．前者では (2.2) 式の 1 年複利の定義の $1+r$ をそのまま使い，後者では (2.4) 式の $\frac{1}{M}$ 年複利で $M = 2$ としている．いずれにしても $1+r$ あるいは $\left(1 + \frac{r}{2}\right)^2$ の t 乗を $t = 0$ から $t = 10$ まで逐次計算しなければならない．それを実行するため，まず $1+r$ あるいは $\left(1 + \frac{r}{2}\right)^2$ を各要素に持つ NumPy 配列を作成する．これを行っているのが，np.tile(1.0 + r, Maturity) と np.tile((1.0 + r/2.0)**2, Maturity) である．np.tile() は同じ NumPy 配列を文字通りタイルのように貼り合わせて大きい NumPy 配列を作成する関数で，その用法は

---

np.tile(NumPy 配列, 繰り返し回数)

である．最初の NumPy 配列はスカラー値でもよい．また，繰り返し回数の部分をスカラー値ではなく 2 次元のタプル（丸カッコ () で括った配列で要素の変更ができないもの）にすると，NumPy 配列を縦横に貼り合わせていくこともできる．ここでは Maturity は 10 であるから，np.tile(1.0 + r, Maturity) と np.tile((1.0 + r/2.0)**2, Maturity) は，それぞれ $1 + r$ と $\left(1 + \frac{r}{2}\right)^2$ を各要素に持つ 10 次元ベクトルである NumPy 配列を作成することになる．次に NumPy 関数 np.cumprod() を使って

$$1\text{ 年複利:}\quad 1+r,\ (1+r)^2,\ (1+r)^3,\ \dots\ ,\ (1+r)^{10},$$

$$\text{半年複利:}\quad \left(1 + \frac{r}{2}\right)^2,\ \left(1 + \frac{r}{2}\right)^{2\times2},\ \left(1 + \frac{r}{2}\right)^{2\times3},\ \dots\ ,\ \left(1 + \frac{r}{2}\right)^{2\times10},$$

という系列の NumPy 配列を作成する．cumprod は，cumulative product（累積積）という意味である．最後に np.r_[1.0, ...] によって，NumPy 配列の先頭に 1 を要素として付け足して，複利の総収益の系列の完成である．np.r_[...] は NumPy 配列を横に（行方向に）貼り合わせる表現である．ちなみに縦に（列方向に）貼り合わせるには np.c_[...] とする．

```
22 | Continuous_Rate = np.exp(r*np.linspace(0, Maturity, Maturity + 1))
```

この行では連続複利の総収益の計算を行い，それを Continuous_Rate という NumPy 配列に格納している．連続複利の総収益の作り方は単利の場合とよく似ている．違いは 1 を足す代わりに指数関数 np.exp() を計算しているだけである．ここでも要素ごとに演算（ここでは指数関数の計算）を同時に行えるという NumPy 配列の機能が生

かされている．

　以上の作業で作図のために必要な数値はすべて揃った．後はグラフを描くだけである．まず

```
23 | fig1 = plt.figure(1, facecolor='w')
```

によって，作図を行うための空白のウィンドウを用意する．`plt.figure(...)` の中の最初の 1 は図の番号を 1 にするという意味である．特に指定しない場合は pyplot 関数 `plt.figure()` を呼び出すたびに自動的に通し番号が振られる．次の `facecolor='w'` というオプションは白地（'w' は white の意味）のグラフを作成するためのものである．この行で生成される `fig1` は図に関する様々な設定を内包している．ここでは示さないが，例えば 1 つのウィンドウに複数のグラフを細かく設定を変えて描画するなどの複雑な作業を行うときに使用する．作図を行うウィンドウができたので，そこに総収益の曲線を描画しよう．以下の第 24〜27 行は pyplot 関数 `plt.plot()` を使って単利，1 年複利，半年複利，連続複利の総収益のグラフを描いている．

```
24 | plt.plot(Simple_Rate, 'k-')
25 | plt.plot(Compound_1year, 'k--')
26 | plt.plot(Compound_6month, 'k-.')
27 | plt.plot(Continuous_Rate, 'k:')
```

`plt.plot()` では方眼紙にグラフを描く要領で作図が行われる．つまり，いくつかの点を 2 次元座標上に打ち，各点を線で結んでグラフにするのである．そのため各点の横軸と縦軸の座標をデータとして `plt.plot()` に与えなければならない．これは 1 次元の NumPy 配列の形で `plt.plot()` に渡される．`plt.plot()` の基本的な用法は

> `plt.plot(`横軸の座標用の NumPy 配列，縦軸の座標用の NumPy 配列，オプション`)`

である．横軸の座標用の NumPy 配列を省略すると縦軸の座標用の NumPy 配列のインデックス（Python では 0 から始まる）が横軸の座標として使われる．例えば `plt.plot(Simple_Rate)` とすると，縦軸に単利の総収益を，横軸に NumPy 配列のインデックス（この例では時点が 0 から始まるので NumPy 配列のインデックス自体を運用期間内での時点と見なせる）をとったグラフが描かれる．当然のことであるが，4 種類の総収益を同じグラフに描く際には異なる線種を使うと見分けがつきやすい．そこで，4 回 `plt.plot()` を呼び出すたびにオプションを使って線種を変更している．最初から説明すると，'k-' は黒い実線，'k--' は黒い破線，'k-.' は黒い鎖線，'k:' は黒い点線である．グラフの色，線種，マークのオプションは表 2.1 にまとめられている．例えば 'r--O' とすると赤い破線に丸印で各座標点をマークするグラフが描ける．

表 2.1 pyplot でのグラフの色，線種，マークのオプション

色のオプション		線種のオプション		マークのオプション			
記号	色	記号	線種	記号	マーク	記号	マーク
b	青	-	実線	.	点	^	上向き三角形
g	緑	--	破線	O	丸印	v	下向き三角形
r	赤	-.	鎖線	s	正方形	>	右向き三角形
c	シアン	:	点線	D, d	菱形	<	左向き三角形
m	マゼンダ			p	五角形	*	星形
y	黄			H, h	六角形	1～4	三角
k	黒			x	ばつ印	|	縦線
w	白			+	十字	_	横線

　最後に凡例とラベルを追加して図を完成させよう．まず以下の行を実行して凡例を図に追加する．凡例とは線種が何に対応しているかを示すもので，図 2.1 では左上に表示されている．

```
28  plt.legend([u'単利', u'1年複利', u'半年複利', u'連続複利'],
29          loc='upper left', frameon=False, prop=jpfont)
```

plt.legend() は与えられた文字列を要素とする Python 配列（これは NumPy 配列ではない）を使って凡例を作成する関数である．ここでは [u' 単利'，u'1 年複利'，u' 半年複利'，u' 連続複利'] がその文字列の Python 配列に当たる（Python は引用符（' あるいは"）で括られた文字を文字列として扱う）．ここで「'」の前にある u は文字列がユニコード型であることを指定するために置かれている．しかし，最新の Python3 系では文字列がユニコード型のみであるため，省略可能である．凡例を綺麗に見せるために，3 つのオプションが設定されている．最初の loc は凡例を置く場所を指定するオプションであり，'upper left' は左上に凡例を置くことを意味する．代わりに'upper right'，'lower left'，'lower right' などと loc オプションを変えることで，凡例の配置を変えることができる．特に'best' とすると凡例は自動的に配置されるようになる．2 番目の frameon=False は凡例を囲む枠を省くというオプションである．初期設定では凡例を囲む枠が表示されることに注意しよう．3 番目のオプション prop=jpfont は，このコードの最初の方で指定した日本語フォントを凡例の表示に使用するためのオプションである．これを指定しないと凡例は文字化けしてしまう．

　次の 2 行では横軸と縦軸にラベルを付けている．

```
30  plt.xlabel(u'時点 t', fontproperties=jpfont)
31  plt.ylabel(u'総収益 W(t)/W(0)', fontproperties=jpfont)
```

名前から明らかなように plt.xlabel() が横軸（X 軸）のラベルを指定する関数で, plt.ylabel() が縦軸（Y 軸）のラベルを指定する関数である. ラベルは各軸に 1 つしかいらないので, 1 つの文字列を与えるだけで十分である. そして, ラベルに使われる日本語フォントは fontproperties=jpfont というオプションで指定されている.

最後に完成した図を先に作成しておいた空白のウィンドウ fig1 に表示させる必要がある. これを行うのが

```
32  plt.show()
```

である. まとめると pyplot における作図の基本的流れは, まず plt.figure() でグラフを表示するウィンドウを用意する. そして, これに plt.plot(), plt.legend() などを使って必要なパーツを次々と追加していき, 最後に plt.show() で完成した図を表示するのである.

これまでは利率 r で資金を運用したときに現時点の $W(0)$ 円が t 年後にいくらになるか考えたが, 逆に t 年後に $W(t)$ 円を受け取るために現時点でいくらの初期投資が必要であるかを考えよう. これは $W(t)$ の現時点（$t = 0$）における**現在価値**によって与えられる. 時点 0 における現在価値を $PV(0)$ 円と表記すると, 1 年複利の場合の現在価値は

$$PV(0) = \frac{W(t)}{(1+r)^t}, \tag{2.9}$$

と定義される. (2.9) 式を書き換えると

$$(1+r)^t PV(0) = W(t), \tag{2.10}$$

となる. これは (2.2) 式と同じ形をしており, 現在価値と同じ金額 $PV(0)$ を銀行の預金口座に預けると t 年後に $W(t)$ 円を受け取れることを意味している. (2.9) 式の $PV(0)$ が $W(0)$ の現在価値と呼ばれることに対比して, (2.10) 式の t 年後に受け取る金額 $W(t)$ は $PV(0)$ の**将来価値**と呼ばれる. 要するに, 将来価値とは時点 0 で手元にある資金を銀行の口座に預けて利率 r で t 年間運用した後の口座残高である.

利子の支払いが年 M 回行われるときは (2.4) 式で t 年後に受け取る金額が与えられるから, これから逆算すると $W(t)$ 円の現在価値は

$$PV(0) = \frac{W(t)}{\left(1 + \frac{r}{M}\right)^{Mt}}, \tag{2.11}$$

となる. さらに $M \to \infty$ とした利率 r の連続複利の場合においても, (2.7) 式から逆算することで t 年後に受け取る $W(t)$ 円の現在価値は

$$PV(0) = e^{-rt} W(t), \tag{2.12}$$

と求まる．(2.9) 式，(2.11) 式，(2.12) 式のいずれであれ，$r > 0$ であれば現在価値
$PV(0)$ は将来受け取る金額 $W(t)$ よりも必ず小さくなるから，現在価値を求める際に
使用する利率 r を割引率とも呼ぶ．また，$PV(0)$ が $W(t)$ を割り引くことで計算され
ている点を強調する意味で，$PV(0)$ を割引現在価値と呼ぶこともある．さらに

$$B(t) = \begin{cases} \dfrac{1}{(1+r)^t}, & (1 \text{ 年複利}), \\ \dfrac{1}{\left(1+\frac{r}{M}\right)^{Mt}}, & \left(\frac{1}{M} \text{ 年複利}\right), \\ e^{-rt}, & (\text{連続複利}), \end{cases} \tag{2.13}$$

と定義すると，t 年後に受け取る $W(t)$ 円の現在価値は，(2.9) 式，(2.11) 式，(2.12)
式のいずれにおいても

$$PV(0) = B(t)W(t), \tag{2.14}$$

と表されることがわかる．この $B(t)$ を割引係数あるいは現価係数と呼ぶ．見方を変
えると，(2.13) 式の割引係数 $B(t)$ は時点 t における 1 円の現時点での現在価値であ
ると解釈される．一方，割引係数 $B(t)$ を使うと $PV(0)$ の将来価値は

$$W(t) = \frac{PV(0)}{B(t)}, \tag{2.15}$$

として与えられる．(2.14) 式の現在価値と (2.15) 式の将来価値は互いに逆向きの変換
であり，(2.14) 式は時間を戻して将来価値を現在価値に変換する公式，(2.15) 式は時
間を進めて現在価値を将来価値に変換する公式と解釈される．

　現在価値は，「将来の時点 t に $W(t)$ 円を用意しておかなければならないとき，時点
0 でいくらの預金残高が必要か？」という疑問に答えるための概念である．しかし，見
方を変えると，「将来の時点 t に $W(t)$ 円を獲得するために時点 0 で $PV(0)$ 円を投資
しなければならないならば，それは利率 r の銀行預金で運用することと同等の投資手
段である」という解釈も可能である．これを示すために，(2.8) 式と (2.13) 式を見比
べてみよう．両式から明らかに

$$\frac{W(t)}{W(0)} = \frac{1}{B(t)}, \tag{2.16}$$

であることがわかる．つまり，割引係数の逆数は銀行預金の総収益に等しいのであ
る[3]．ここで (2.16) 式の左辺分母の $W(0)$ を $PV(0)$ に置き換えると，左辺は「時
点 0 に $PV(0)$ 円を投資して時点 t に $W(t)$ 円を受け取る」という投資手段の総収益
となる．(2.14) 式の現在価値の定義より，$W(0)$ を $PV(0)$ に置き換えても (2.16) 式

---

[3]　この議論では，1 年複利，$\frac{1}{M}$ 年複利，連続複利の区別は本質的なものではない．本書では特に
　　断らない限り，一般的な表現である $B(t)$ を割引係数の表記として使い続ける．

の等号は変わらない．したがって，「時点 0 に $PV(0)$ 円を投資して時点 t に $W(t)$ 円を受け取る」という投資手段は，利率 r の銀行預金と同等であることがわかる．つまり，「現在価値とは，将来の受け取り金額が決まっている投資手段が固定利率の銀行預金と同等になるための初期投資額である」といえるのである．この発想は，次節で展開する一般的な投資手段の適正価値の評価において重要な鍵となる．

2.2 正味現在価値と内部収益率

今までは t 年後に $W(t)$ 円を受け取る機会が 1 回だけある場合のみを見てきたが，現実の投資においては将来の複数の時点にわたって受け取りや支払いが発生する．これを不動産投資を例にして見てみよう．都心に複合商業施設を建設し，そこに入ったテナントから賃料を受け取って収益を得るという不動産投資では，施設が稼働し続ける期間において定期的に賃料の受け取りが生じることになる．一方，施設の維持管理のための費用を負担しなければならないので，施設の稼働期間において定期的な支払いも生じることになる．このような投資に伴う現時点から将来にわたる資金の出入りの系列を一般にキャッシュフローと呼ぶ．

▶ 正味現在価値と内部収益率の計算

コード 2.2 (pyfin_npv_irr.py)

```
# -*- coding: utf-8 -*-
#   NumPy の読み込み
import numpy as np
#   NumPy の Polynomial モジュールの読み込み
import numpy.polynomial.polynomial as pol
#   Matplotlib の Pyplot モジュールの読み込み
import matplotlib.pyplot as plt
#   日本語フォントの設定
from matplotlib.font_manager import FontProperties
import sys
if sys.platform.startswith('win'):
    FontPath = 'C:\Windows\Fonts\meiryo.ttc'
elif sys.platform.startswith('darwin'):
    FontPath = '/System/Library/Fonts/ヒラギノ角ゴシック W4.ttc'
elif sys.platform.startswith('linux'):
    FontPath = '/usr/share/fonts/truetype/takao-gothic/TakaoExGothic.ttf'
jpfont = FontProperties(fname=FontPath)
#%% キャッシュフローのグラフ
Periods = np.linspace(0, 4, 5)
V_CF = np.array([[-5.0, 1.5, 1.5, 1.5, 1.5],
                 [-7.0, 2.0, 2.0, 2.0, 2.0],
```

```
22                         [-9.0, 4.0, 3.0, 2.0, 1.0],
23                         [-9.0, 1.0, 2.0, 3.0, 4.0]]])
24  V_Title = [u'事業A', u'事業B', u'事業C', u'事業D']
25  fig1 = plt.figure(1, facecolor='w')
26  for fig_num in range(4):
27      plt.subplot(2, 2, fig_num + 1)
28      plt.bar(Periods, V_CF[fig_num,:], color=(0.5,0.5,0.5))
29      plt.title(V_Title[fig_num], fontproperties=jpfont)
30      plt.axhline(color='k', linewidth=0.5)
31      plt.ylim(-10, 5)
32      if fig_num == 2 or fig_num == 3:
33          plt.xlabel(u'時点', fontproperties=jpfont)
34      if fig_num == 0 or fig_num == 2:
35          plt.ylabel(u'キャッシュフロー', fontproperties=jpfont)
36      if fig_num == 1 or fig_num == 0:
37          plt.xticks([])
38  plt.show()
39  #%% 正味現在価値の計算
40  def NPV(r, CF):
41      #        r: 割引率（%）
42      #       CF: キャッシュフロー
43      #   Output: 正味現在価値
44      x = 1.0/(1.0 + 0.01 * r)
45      return pol.polyval(x, CF)
46  r = 5 # 割引率はパーセント単位
47  V_NPV = np.zeros(4)
48  for cf_num in range(4):
49      V_NPV[cf_num] = NPV(r, V_CF[cf_num,:])
50  #%% 内部収益率の計算
51  def IRR(CF):
52      #       CF: キャッシュフロー
53      #   Output: 内部収益率（%）
54      Roots = pol.polyroots(CF)
55      Real = np.real(Roots[np.isreal(Roots)])
56      Positive = np.asscalar(Real[Real > 0.0])
57      return (1.0 / Positive - 1.0) * 100
58  V_IRR = np.zeros(4)
59  for cf_num in range(4):
60      V_IRR[cf_num] = IRR(V_CF[cf_num,:])
```

　このようなキャッシュフローの単純な数値例が表 2.2 に示されている．表 2.2 で時点の数字は年を，正の値は収益を，負の値は損失を意味している．事業 A〜D はいずれも現時点（時点 0）において損失を被っているが，これは事業を始めるための初期投

表 **2.2** 事業のキャッシュフローの数値例

事業	時点 0	1	2	3	4
A	−5.0	1.5	1.5	1.5	1.5
B	−7.0	2.0	2.0	2.0	2.0
C	−9.0	4.0	3.0	2.0	1.0
D	−9.0	1.0	2.0	3.0	4.0

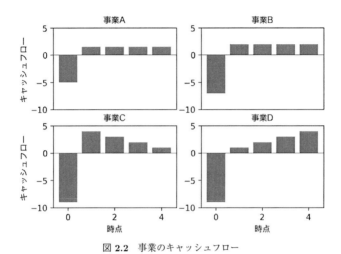

図 **2.2** 事業のキャッシュフロー

資の費用に対応している．その後は収益を毎年生み出し続けて 4 年目（時点 4）で事業は終了する．表 2.2 の各事業のキャッシュフローを棒グラフにしたものが図 2.2 に示されている．以下はコード 2.2 で図 2.2 を作成している部分を抜粋したものである．

```
18  #%% キャッシュフローのグラフ
19  Periods = np.linspace(0, 4, 5)
20  V_CF = np.array([[-5.0, 1.5, 1.5, 1.5, 1.5],
21                   [-7.0, 2.0, 2.0, 2.0, 2.0],
22                   [-9.0, 4.0, 3.0, 2.0, 1.0],
23                   [-9.0, 1.0, 2.0, 3.0, 4.0]])
24  V_Title = [u'事業 A', u'事業 B', u'事業 C', u'事業 D']
25  fig1 = plt.figure(1, facecolor='w')
26  for fig_num in range(4):
27      plt.subplot(2, 2, fig_num + 1)
28      plt.bar(Periods, V_CF[fig_num,:], color=(0.5,0.5,0.5))
29      plt.title(V_Title[fig_num], fontproperties=jpfont)
30      plt.axhline(color='k', linewidth=0.5)
31      plt.ylim(-10, 5)
```

```
32 │    if fig_num == 2 or fig_num == 3:
33 │        plt.xlabel(u'時点', fontproperties=jpfont)
34 │    if fig_num == 0 or fig_num == 2:
35 │        plt.ylabel(u'キャッシュフロー', fontproperties=jpfont)
36 │    if fig_num == 1 or fig_num == 0:
37 │        plt.xticks([])
38 │ plt.show()
```

NumPy 配列 Periods は時点を，2 次元 NumPy 配列（要するに行列）V_CF は各行に事業 A〜D のキャッシュフローを格納している．コードの for で始まる部分では，事業 A から事業 D までのキャッシュフローを 2×2 に区切られたウィンドウの各マスに描画している．for 文は決められた回数だけ繰り返し処理を行うための構文として，多くのプログラミング言語で採用されている．しかし，Python には独特の用法があるので注意が必要である．Python における for 文の基本的用法は

```
for 変数 in 配列:
    繰り返し処理するブロック
```

である．先述の if 文と同じく for 文の最後にはコロン (:) を置き，繰り返し処理するブロックは字下げで指定されている．Python では for 文の in の後の配列の要素を先頭から一つずつ取り出して変数に代入し，使い切ったところで繰り返し処理を終了する．Python の for 文ではどのような配列も使うことができるが，変数に入れる配列の要素が整数値である場合は，関数 range() で

```
range(始点の値，終点の値+1，変化分)
```

と指定することで変数の始点と終点を簡単に指定できる．始点の値を省くと 0 から始まることになり，変化分を指定しなければ 1 ずつ数値を増やすことになる．したがって，このコードのように range(4) とすれば，変数 fig_num は 0 から 3 まで動くことになる．for 文の利点は，同じ処理を繰り返さなけれはならないときにコードを簡潔で使い回しが可能な形に記述できることである．長くなるので細かい解説は省くが，このコードでは

- plt.subplot() — 複数の図のためにウィンドウを分割する関数
- plt.bar() — 棒グラフを作成する関数
- plt.title() — 図にタイトルを追加する関数
- plt.axhline() — 横軸と平行する横線を描く関数
- plt.ylim() — 縦軸の下限と上限を設定する関数
- plt.xticks() — 横軸の目盛りを設定する関数

などを活用して見栄えのする図を作成している.

　今後の展開のために一般的なキャッシュフローの表記を導入しよう. 投資の開始時点を 0, 投資の終了時点を T, 投資期間中の時点 t $(0 \leqq t \leqq T)$ の支払いや受け取りの金額を $C(t)$ とする. もし $C(t)$ が受け取る金額であれば正の値 $(C(t) > 0)$, 支払う金額であれば負の値 $(C(t) < 0)$ で表す. ここで T 年後までに N 回の資金の出入りが生じるとして, その時点を t_n $(n = 1, \ldots, N)$ と表記しよう*4). 便宜上 $t_N = T$ とおく. すると, 時点 t_n の資金の出入りは $C(t_n)$ となる. これらの表記を使うと, T 年にわたる投資に伴うキャッシュフローは, $\{C(t_1), \ldots, C(t_N)\}$ とまとめられる. 例えば表 2.2 の事業 C の（時点 0 の初期投資を除く）キャッシュフローは

$$C(t_1) = C(1) = 4.0, \quad C(t_3) = C(2) = 3.0, \quad C(t_2) = C(3) = 2.0,$$
$$C(t_4) = C(4) = 1.0,$$

である.

　状況によっては明示的に資金の流入と流出を区別して系列を考える方が便利なときもある. $\{G(t_1), \ldots, G(t_N)\}$ を投資に伴う資金の流入の系列（不動産投資の例では賃料収入）とし, $\{L(t_1), \ldots, L(t_N)\}$ を投資に伴う資金の流出の系列（不動産投資の例では維持管理費）としよう. そして, $G(t_n) \geqq 0$ および $L(t_n) \geqq 0$ と仮定する. このときキャッシュフロー $\{C(t_1), \ldots, C(t_N)\}$ は

$$C(t_n) = G(t_n) - L(t_n), \quad (n = 1, \ldots, N),$$

として与えられる. 以降は特に断らない限り, キャッシュフロー $\{C(t_1), \ldots, C(t_N)\}$ は資金の出入りを合算した純収益の系列とする.

　ファイナンスにおいて投資対象となる「資産」は, 投資行為が金銭的な利益を得ることを目的としている以上, 複合商業施設であれ, 太陽光発電施設であれ, 株式会社であれ, 何らかのキャッシュフロー $\{C(t_1), \ldots, C(t_N)\}$ を投資家にもたらす存在でなければならない. そして, キャッシュフローを生み出す資産を保有することは, 将来にわたって $\{C(t_1), \ldots, C(t_N)\}$ という収益を獲得できることを意味する. つまり, このような資産を購入するということは, キャッシュフロー $\{C(t_1), \ldots, C(t_N)\}$ を受け取る権利を買うことと金銭の授受に関する限りは全く同義である. よって, ファイナンスにおける資産の適正価値は, この資産の保有に伴い受け取ることができるキャッシュフロー $\{C(t_1), \ldots, C(t_N)\}$ の適正価値として与えられるのである.

　将来の時点 t において一回限りで $W(t)$ 円を受け取る場合では, $W(t)$ の現在価値 $B(t)W(t)$ は $W(t)$ 円を t 年後に受け取るために必要な初期投資の金額であった. これ

---

*4) 連続複利の場合は t_n は 0 と T の間の任意の実数値をとりうるが, $\frac{1}{M}$ 年複利（1 年複利のときは $M = 1$）の場合は Mt_n が整数でなければならない.

の発想をキャッシュフローを構成する $C(t_n)$ $(n = 1, \ldots, N)$ に適用すると, それぞれ
の現在価値は $B(t_n)C(t_n)$ として与えられる (割引係数 $B(t_n)$ は目的に応じて (2.13)
式のいずれかを使い分ければよい). したがって, 現在価値と割引係数の定義より, 「時
点 0 で $B(t_n)C(t_n)$ 円を投資して時点 t_n に $C(t_n)$ 円を受け取る」という投資手段が存
在するならば, それは利率 r の銀行預金と同等の運用総収益を達成できることになる.
したがって, そのような投資手段の時点 0 における妥当な価格は $B(t_n)C(t_n)$ となる
はずである. なぜならば, もし投資手段の時点 0 における価格 $P(0)$ が $B(t_n)C(t_n)$
を下回っていたならば, 価格が割安であるため銀行に預けるよりも有利な運用ができ
ることになる. つまり,

$$P(0) < B(t_n)C(t_n) \quad \Rightarrow \quad \frac{C(t_n)}{P(0)} > \frac{1}{B(t_n)},$$

が成り立つことになる (割引係数 $B(t_n)$ の逆数が銀行預金の t_n 年間における総収益
であることを思い出そう). 逆に投資手段の価格が $B(t_n)C(t_n)$ を上回っていたなら
ば, 価格が割高となり,

$$P(0) > B(t_n)C(t_n) \quad \Rightarrow \quad \frac{C(t_n)}{P(0)} < \frac{1}{B(t_n)},$$

となるため, 銀行の口座に資金を預けた方が有利である. したがって, 投資手段の妥
当な価格は

$$P(0) = B(t_n)C(t_n),$$

でなければならない. この考え方に基づきファイナンスでは, 投資手段がベンチマー
クとなる他の投資手段 (ここでは銀行預金) と同等になるような価格 (つまり将来受
け取る金額の現在価値) を投資手段の適正価値と見なすのである.

　以上の議論を $C(t_1)$ から $C(t_N)$ までのキャッシュフローを構成するすべての資金
の出入りに適用すると, 時点 0 に利率が同じ r で満期が $\{t_1, \ldots, t_N\}$ と異なる N 種
類の預金口座に資金をそれぞれ $\{B(t_1)C(t_1), \ldots, B(t_N)C(t_N)\}$ と分割して預けれ
ば, キャッシュフロー $\{C(t_1), \ldots, C(t_N)\}$ を生み出す資産を保有することと同等の
総収益を得ることがわかる. このことから, キャッシュフロー $\{C(t_1), \ldots, C(t_N)\}$
を生み出す資産の「適正価値」は, 時点 0 において N 種類の口座に預け入れる資
金 $\{B(t_1)C(t_1), \ldots, B(t_N)C(t_N)\}$ の総額に等しくなるはずである. これがキャッ
シュフローの現在価値の基本的発想である. つまり, 時点 0 でのキャッシュフロー
$\{C(t_1), \ldots, C(t_N)\}$ の現在価値 $PV(0)$ は

$$PV(0) = B(t_1)C(t_1) + \cdots + B(t_n)C(t_n) + \cdots + B(t_N)C(t_N)$$
$$= \sum_{n=1}^{N} B(t_n)C(t_n), \tag{2.17}$$

と定義されるのである．例えば表 2.2 の事業 C の（時点 0 の初期投資を除く）キャッシュフローの現在価値は，割引率を r として 1 年複利で割り引くと，

$$PV(0) = B(1)C(1) + B(2)C(2) + B(3)C(3) + B(4)C(4)$$
$$= \frac{4.0}{1+r} + \frac{3.0}{(1+r)^2} + \frac{2.0}{(1+r)^3} + \frac{1.0}{(1+r)^4},$$

として与えられる．

(2.17) 式のキャッシュフローの現在価値に関連して，**正味現在価値**あるいは**純現在価値** (**Net Present Value, NPV**) という概念が投資判断の規準として広く利用されている．NPV は，「投資手段が生み出すキャッシュフローの現在価値から初期投資額を差し引いた金額」として定義される．ここで時点 0 における資金の出入り $C(0)$ を初期投資の金額としよう．定義上，初期投資に際して投資家は資金を支払うことになるから，当然 $C(0) < 0$ である．すると，NPV は

$$NPV(0) = C(0) + PV(0)$$
$$= C(0) + \sum_{n=1}^{N} B(t_n)C(t_n), \tag{2.18}$$

として与えられる．便宜上 $t_0 = 0$ とすると，$B(t_0) = B(0) = 1$ であるから，NPV を

$$NPV(0) = \sum_{n=0}^{N} B(t_n)C(t_n),$$

と記述することもできる．例えば表 2.2 の事業 C の NPV は割引率を r として 1 年複利で割り引くと，

$$NPV(0) = C(0) + B(1)C(1) + B(2)C(2) + B(3)C(3) + B(4)C(4)$$
$$= -9.0 + \frac{4.0}{1+r} + \frac{3.0}{(1+r)^2} + \frac{2.0}{(1+r)^3} + \frac{1.0}{(1+r)^4},$$

となる．

(2.18) 式におけるキャッシュフローの現在価値 $PV(0)$ は，投資手段の「適正価値」と解釈される．一方，(2.18) 式の $C(0)$ は（投資手段の購入価格）$\times (-1)$ であるから，$-C(0)$ はキャッシュフローを獲得するための初期費用と解釈される．したがって，(2.18) 式は投資手段の価値 $PV(0)$ が投資の初期費用 $-C(0)$ に比べて大きいほど NPV は大きくなることを示唆している．このことから，NPV は投資手段の「お値打ち度」のようなものと解釈できる．例えば，NPV が大きな正の値をとるのであれば，投資手段の価値 $PV(0)$ が投資の初期費用 $-C(0)$ を大きく上回っているのだから，儲けのよい投資すべき案件といえよう．一方，NPV が負の値をとるのであれば，あまり旨味のない投資案件ということになる．よって，複数の投資手段の中から望ましいも

のを選ぶための基準として NPV を使う際には，候補となる複数の投資手段の NPV
を計算し，NPV が最大となる投資手段を選択することになる．

　表 2.2 の 4 つの事業に対して NPV を計算し，最善の投資対象を選択する演習を行
おう．表 2.2 の各事業の名目キャッシュフローを合算すると，投資の純利益はすべて
の事業で 1.0 である．しかし，この事実をもって 4 つの事業が等価であると判断して
はならない．キャッシュフローを満期の異なる「預金口座」を集めたものと解釈でき
ることを思い出そう．この解釈に基づくと，早い時点で初期投資を回収できるキャッ
シュフローの方が，銀行預金よりも（同一期間で少ない元手から多くの利益が得られ
るという意味で）有利な運用ができているといえる．この回収時期の差に伴う機会損
失の差を織り込んだ価値こそが現在価値なのである．

　コード 2.2 を実行すると，割引率 5% の 1 年複利を前提として計算した各事業の NPV
が NumPy 配列 V_NPV に格納される．それをコンソール上に表示すると，

```
In [2]: V_NPV
Out[2]: array([ 0.31892576,  0.09190101,  0.08098992, -0.3512374 ])
```

となる．NumPy 配列の先頭から事業 A，B，C，D の順に NPV が並んでいる．計算
結果によれば，事業 A の NPV が最も高く，事業 B，事業 C の順に NPV は低下し，
事業 D に至っては NPV は負の値になっている．したがって，表 2.2 の 4 つの事業に
選択肢を限定するならば「事業 A に投資すべし」という結論が得られることとなる．

　それではコード 2.2 で NPV を計算している部分を解説しよう．以下では数学的な扱
いを容易にするために，まずキャッシュフローが等間隔で生じると仮定する．つまり，

$$t_n = \frac{n}{N}T = n\Delta, \quad \Delta = \frac{T}{N}, \quad (n = 0, 1, \ldots, N).$$

このとき

$$\beta(r) = \begin{cases} \dfrac{1}{(1+r)^{\Delta}}, & (1\,\text{年複利}), \\[2mm] \dfrac{1}{\left(1 + \frac{r}{M}\right)^{M\Delta}}, & \left(\frac{1}{M}\,\text{年複利}\right), \\[2mm] e^{-r\Delta}, & (\text{連続複利}), \end{cases}$$

と定義すると，割引係数 $B(t_n)$ は，

$$B(t_n) = \beta(r)^n,$$

と書き直される[*5]．さらに $c_n = C(t_n)$ $(n = 0, 1, \ldots, N)$ と表記すると，NPV は

[*5] 1 年複利の場合に $T = N$ とすると $\Delta = 1$ であるから，$\beta(r) = \frac{1}{1+r}$ となる．$\frac{1}{M}$ 年複利の
場合は $M\Delta$ が整数でなければならない．特に $N = MT$ と仮定すれば $\Delta = \frac{1}{M}$ となるので，
$M\Delta = 1$ である．

$$NPV(0) = c_0 + c_1\beta(r) + \cdots + c_n\beta(r)^n + \cdots + c_N\beta(r)^N, \tag{2.19}$$

と書き直される. したがって, 割引率 r を関数 $\beta(r)$ を使って $x = \beta(r)$ と変換すると, NPV は x の N 次多項式

$$NPV(0) = c_0 + c_1 x + \cdots + c_n x^n + \cdots + c_N x^N, \tag{2.20}$$

であることがわかる. よって, 事業のキャッシュフロー $\{c_0, c_1, \ldots, c_N\}$ に対して (2.20) 式を評価すれば事業の NPV を計算できる. ありがたいことに NumPy 内に多項式の操作に関する Polynomial モジュールがあるので, 最初にこれを読み込んでおく.

```
4  #   NumPy の Polynomial モジュールの読み込み
5  import numpy.polynomial.polynomial as pol
```

このモジュールで提供される関数 `pol.polyval()` は

```
pol.polyval(多項式を評価する点, 多項式の係数のNumPy 配列)
```

とすることで, (2.20) 式の形をした多項式の値を計算して返してくれる. ここで「多項式を評価する点」は (2.20) 式の変数 x であり, 「多項式の係数の NumPy 配列」は多項式の係数 $\{c_0, c_1, \ldots, c_N\}$ を格納した NumPy 配列である. この数値例での NPV の計算では, 1 年複利で $T = N$, つまり $\Delta = 1$ を仮定して,

$$x = \frac{1}{1+r},$$

とする. そして, 多項式の係数 $\{c_0, c_1, \ldots, c_N\}$ には各事業のキャッシュフローを格納した 2 次元 NumPy 配列 V_CF の行ベクトルを用いる.

　NPV の計算に `pol.polyval()` を直接使ってもよいが, コード 2.2 では NPV を計算する関数を定義して計算に使用している. 該当する部分を以下に抜粋する.

```
39  #%% 正味現在価値の計算
40  def NPV(r, CF):
41      #      r: 割引率 (%)
42      #      CF: キャッシュフロー
43      #   Output: 正味現在価値
44      x = 1.0/(1.0 + 0.01 * r)
45      return pol.polyval(x, CF)
46  r = 5 # 割引率はパーセント単位
47  V_NPV = np.zeros(4)
48  for cf_num in range(4):
49      V_NPV[cf_num] = NPV(r, V_CF[cf_num,:])
```

Python で関数を定義するときに使われるのが def 文である．def 文による関数定義
の基本形は

```
def 関数名 (関数に渡す値 1，関数に渡す値 2，...):
    関数内での処理を定義したブロック
    return 関数から返す値
```

である．やはり def 文でもブロックの指定に字下げは欠かせない．これが Python 流
のコーディングである．さらに関数の定義の中に return 文があると，関数から返す値
を指定できる．この def 文によって，コード 2.2 の第 40～45 行では，割引率 r とキャッ
シュフローを格納した NumPy 配列 CF を渡して NPV の値を返す関数 NPV() を新た
に定義している．関数 NPV() の中では，まず最初に割引係数の値を x = 1.0/(1.0 +
0.01 * r) として計算している．そして，pol.polyval(x, CF) によって多項式の値
を求め，これを return 文で関数 NPV() の出力としている．この返される値がキャッ
シュフローの NPV となる．for 文の直前の 2 行で割引率 r を 5% に設定し，計算し
た NPV の格納しておく NumPy 配列 V_NPV を用意している．np.zeros() は 0 の
みを要素に含む NumPy 配列を作成する関数である．この for ループの中では，変
数 cf_num を 0 から 3 へと変えながら，V_CF の行ベクトル V_CT[cf_num,:] を関数
NPV() に渡して NPV を計算し，V_NPV[cf_num] に格納することを繰り返している．

このコードの第 46～48 行をもっとエレガントな表現に書き換えると，

```
V_NPV = np.array([NPV(r, V_CF[cf_num,:]) for cf_num in range(V_CF.shape[0])])
```

となる．つまり，NPV を格納する NumPy 配列 V_NPV を for ループに入る前に作
成する代わりに，[...] の中に for ループそのものを入れてしまうことで，NPV の
Python のリスト[6]を作成できるのである．このような表現をリスト内包表現という．
そして，作成した Python 配列を関数 np.array() で改めて NumPy 配列に変換して
いる．なお range() の中にある V_CF.shape[0] では，2 次元 NumPy 配列 V_CF の
行の数（ここでは 4）を取り出している．列の数が欲しいときは V_CF.shape[1] とす
ればよい．

NPV と並んで広く投資手段の選択規準として使われるものに**内部収益率** (Internal
Rate of Return, IRR) がある．ここで (2.19) 式において NPV が 0 となるような
割引率 r を考えよう．このような r を計算するには

$$0 = c_0 + c_1 x + \cdots + c_n x^n + \cdots + c_N x^N, \tag{2.21}$$

---

[6] Python におけるリストは，他のプログラミング言語で使われる配列とは異なり，異なる型の変
    数のリスト内での混在を認めている．したがって，NumPy 配列のように線形代数に出てくる
    ベクトルや行列とは見なせないことに注意しよう．

という N 次方程式の解 x^* から，$x^* = \beta(r^*)$ を満たすような r^* を求めればよい．つまり，

$$
r^* = \begin{cases}
\left(\dfrac{1}{x^*}\right)^{\frac{1}{\Delta}} - 1, & (\text{1 年複利}), \\[2ex]
M\left\{\left(\dfrac{1}{x^*}\right)^{\frac{1}{M\Delta}} - 1\right\}, & \left(\tfrac{1}{M}\text{年複利}\right), \\[2ex]
-\dfrac{\log x^*}{\Delta}, & (\text{連続複利}),
\end{cases} \tag{2.22}
$$

とするだけである．このような割引率 r^* が IRR である．特に 1 年複利と連続複利で $\Delta = 1$（キャッシュフローにおける資金の出入りの間隔は 1 年），$\frac{1}{M}$ 年複利で $\Delta = \frac{1}{M}$（資金の出入りの間隔は $\frac{1}{M}$ 年）とすると，(2.22) 式は

$$
r^* = \begin{cases}
\dfrac{1 - x^*}{x^*}, & (\text{1 年複利}), \\[2ex]
M\dfrac{1 - x^*}{x^*}, & \left(\tfrac{1}{M}\text{年複利}\right), \\[2ex]
-\log x^*, & (\text{連続複利}),
\end{cases} \tag{2.23}
$$

と簡単になる．以下では特に断らない限り (2.23) 式によって N 次方程式 (2.21) の解 x^* を IRR に変換する．

(2.21) 式の x^n $(n = 1, \ldots, N)$ は割引係数であることから，IRR は投資の収益 $\{c_1, \ldots, c_n\}$ の現在価値の総和 $\sum_{n=1}^{N} c_n x^n$ が初期投資の費用 $-c_0$ と同等になる割引率の水準となっている．つまり，見方を変えると，IRR は投資手段と同等の総収益を生み出すような銀行預金の利率であるとも解釈される．したがって，IRR をあたかも投資手段の「利率」のようなものとして投資手段の選択規準として使うことができる．常識的に考えて利率の高い預金口座に資金を預ける方が有利に運用できるのだから，IRR を投資手段の選択規準として使う際には，候補となる複数の投資手段のキャッシュフローの IRR を計算し，IRR が最も高い投資手段を選べばよいことになる．また，投資判断に際して IRR の最低限の水準をハードルレートとして設定し，これを下回るものには投資をしないという判断を下すことも多い．

IRR は一種の利率であるため，一見解釈は容易に見える．しかし，IRR の定義を与える N 次方程式 (2.21) が必ずしも実数解を持つとは限らないことに注意しなければならない．また，実数解を持つとしても，それが複数存在していたり，(2.23) 式で変換したときに「収益率」とはいえない値になってしまうかもしれない．このような問題を回避するためには N 次方程式 (2.21) が唯一の正の実数解を持たなければならない．このための十分条件は，キャッシュフローにおいて

(A1) $c_0 < 0$.

(A2) $c_n \geqq 0$ $(n = 1, \ldots, N)$ で少なくとも 1 つの c_n は $c_n > 0$.

が成り立つことである．なぜならば，

$$f(x) = c_0 + c_1 x + \cdots + c_n x^n + \cdots + c_N x^N,$$

と定義すると，多項式 $f(x)$ に対して

- $f(0) = c_0 < 0$,
- 任意の $0 < x < y$ に対して $f(y) - f(x) = \sum_{n=1}^{N} c_n (y^n - x^n) > 0$,

となることから，$f(x)$ は $x > 0$ の領域で単調増加関数であり，横軸とは 1 点でのみ交わることがいえるからである．さらに IRR が負の値にならないためには，

  (A3) $\sum_{n=0}^{N} c_n > 0$,

つまり，キャッシュフローの総和 $\sum_{n=1}^{N} c_n$ が初期投資額 $-c_0$ を上回らなければならない．こう仮定すると必ず $f(1) > 0$ および $f(0) < 0$ となるから，$f(x)$ が単調増加関数であることを合わせると $f(x^*) = 0$ を満たす x^* は 0 と 1 の間にあることになる．したがって，仮定 (A1)–(A3) の下では (2.23) 式の IRR はすべての場合で一意に非負の実数値をとることがわかる．

　一般にキャッシュフロー内の c_n $(n = 1, \ldots, N)$ の値は正でも負でもかまわない．また，最終的に損失が出るようなキャッシュフロー，つまり $\sum_{n=0}^{N} c_n \leqq 0$ となるキャッシュフローも当然存在しうる．しかし，(A1)–(A3) を満たさないキャッシュフローに対する IRR は非負となる保証はない．例えば，(A3) の仮定が満たされない場合には $f(1) \leqq 0$ となるため，(2.23) 式の唯一の実数解 x^* は 1 を超えることになる．このとき (2.23) 式の IRR はマイナスの値をとる．中央銀行の大規模な量的緩和によって金融市場でマイナス金利が出現することがあるが，これは中央銀行の介入により国債などの金融資産の価格 $-c_0$ が極端に釣り上げられた結果，$\sum_{n=0}^{N} c_n \leqq 0$ となってしまうからである．

　一般に N 次方程式 (2.21) の解は一般には解析的に求まらないため，数値的に解を求めなければならない．しかし，$N = 1$ の場合には

$$0 = c_0 + c_1 x^* \quad \Rightarrow \quad x^* = \frac{-c_0}{c_1},$$

という x^* の解析解が存在するから，IRR は (2.23) 式で x^* を変換して

$$r^* = \begin{cases} \dfrac{c_1 - (-c_0)}{-c_0}, & (1 \text{ 年複利}), \\[2mm] M \dfrac{c_1 - (-c_0)}{-c_0}, & (\frac{1}{M} \text{ 年複利}), \\[2mm] \log c_1 - \log(-c_0), & (\text{連続複利}), \end{cases} \tag{2.24}$$

として簡単に求められる．ファイナンスで単に収益率というと (2.24) 式の 1 年複利の場合の r^* を指すことが多い．また，(2.24) 式の連続複利の収益率の式で，$-c_0$ を株価の前日の終値，c_1 を今日の終値とした r^* は，ファイナンスの実証研究において株

価の日次収益率として広く使われている.

また, $n \geq 1$ の c_n が一定の正の値 $\bar{c}$ に等しく N が無限大の場合にも IRR の公式を解析的に求めることができる. (2.21) 式において $c_n = \bar{c}\ (n = 1, \ldots, N)$ とおくと, 解 x^* は

$$0 = c_0 + \bar{c}(x^* + x^{*2} + \cdots + x^{*N}) = c_0 + \bar{c}x^* \frac{1 - x^{*N}}{1 - x^*},$$

を満たす. 最後の式の導出には幾何級数の和の公式

$$\sum_{n=1}^{N} a\lambda^{n-1} = \frac{a(1 - \lambda^N)}{1 - \lambda}, \quad (\lambda \neq 1),$$

を使っている. ここで (A1)–(A3) が成り立つと仮定すると $\sigma < x^* < 1$ であるから, $N \to \infty$ のとき $x^{*N} \to 0$ がいえる. したがって

$$0 = c_0 + \bar{c}\frac{x^*}{1 - x^*},$$

となるから, x^* は

$$x^* = \frac{-c_0}{\bar{c} - c_0},$$

として解析的に求まる. 特に 1 年複利で $\Delta = 1$ の場合は,

$$x^* = \frac{1}{1 + r^*} = \frac{-c_0}{\bar{c} - c_0}, \quad \Rightarrow \quad r^* = \frac{\bar{c}}{-c_0}, \tag{2.25}$$

という IRR の公式が得られる.

それでは表 2.2 の 4 つの事業に対して IRR を計算する Python の演習を行おう. コード 2.2 を実行すると, 2 次元 NumPy 配列 V_CF の各行に格納されたキャッシュフローの IRR が計算され, それらが NumPy 配列 V_IRR に格納される. その結果をコンソール上に表示すると以下のようになる.

```
In [3]: V_IRR
Out[3]: array([ 7.7138473,  5.56378464,  5.48356897,  3.59611621])
```

IRR を比べると, 事業 A が 7.7％と最も高く, 事業 D が 3.6％弱と最も低い. 表 2.2 の 4 つの事業に IRR を規準として投資の優先順位を付けると, A, B, C, D の順になる. この順位は NPV の場合と同じであるが, これはたまたまそうなっただけであり, いつも NPV と IRR が同じ結論を導くとはかぎらないことに注意しよう. コード 2.2 の中で IRR を計算している部分は以下の通りである.

```
50  #%% 内部収益率の計算
51  def IRR(CF):
52      #         CF：キャッシュフロー
53      #   Output：内部収益率（%）
```

```
54    Roots = pol.polyroots(CF)
55    Real = np.real(Roots[np.isreal(Roots)])
56    Positive = np.asscalar(Real[Real > 0.0])
57    return (1.0 / Positive - 1.0) * 100
58  V_IRR = np.zeros(4)
59  for cf_num in range(4):
60    V_IRR[cf_num] = IRR(V_CF[cf_num,:])
```

ここでも def 文を使って, IRR を計算する関数 IRR を定義している. この関数 IRR では, まず最初に NumPy の Polynomial モジュールが提供する pol.polyroots() を使って N 次方程式 (2.21) の解（実数解と複素数解を合わせて N 個）を求め, NumPy 配列 Roots に格納している. 次の行の np.isreal(Roots) は NumPy 配列 Roots の要素が実数であれば True, 実数でなければ False を要素に持つ Roots と同じ次元の NumPy 配列を返す関数である. そのため Roots[np.isreal(Roots)] とすると, Roots の中から実数である要素だけを取り出すことができる. 最後に関数 np.real() で実数の部分だけを取り出して, NumPy 配列 Real に N 次方程式 (2.21) の実数解を格納している. 続く行では Real の中の負の値を排除している. "Real > 0.0" という不等式表現は, Real の要素が正の値のときは True, 正の値でなければ False を要素に持つ Real と同じ次元の NumPy 配列を返す. したがって, Real[Real > 0.0] とすることで Real の中で正の値が入っている要素のみを取り出すことができる. 細かい点だが, たとえ Real[Real > 0.0] が1つの要素しか持たない NumPy 配列であっても, Python の中ではスカラー値ではなく要素数1の NumPy 配列として扱われるため, np.asscalar() で強制的にスカラー値に変換している. これによりスカラー変数 Positive に N 次方程式 (2.21) の唯一の正の実数解が入ることになる. 最後は return 文で (1.0 / Positive - 1.0) * 100 と計算した IRR（ここで IRR はパーセント単位である）を IRR() の出力として返して作業の完了である. 残りの行では, NPV のときと同じように for ループの中で4つの事業に対して IRR を計算し, NumPy 配列 V_IRR に逐次格納しているだけである.

3 債券分析

　本章では，投資手段としての債券の特性を学ぶ．まず，債券の基本的な仕組み，割引債と利付債の違い，債券の利回りの定義などの基礎的概念を学習する．次に，債券利回りと債券価格の関係，債券のデュレーションとコンベクシティなどの債券分析の基本を解説する．そして，債券利回りの期間構造の意味と推定方法を説明する．債券分析の基礎を解説すると共に，具体的な計算を Python で行う演習も合わせて行う．

3.1　債券の種類と利回り

　保有することで将来の時点において確定された利子などの支払いを受けることができる証券を**確定利付証券**という．金融市場では様々な確定利付証券が発行され取引されているが，その代表例が債券である．債券は将来のある時点（償還日）に**額面**として決められた金額を償還（返済）することを条件に資金を借り入れるために発行される証券を指す．債券が発行されてから償還されるまでの期間は**満期**と呼ばれ，既に市場で流通している債券が償還されるまでの期間は**残存期間**と呼ばれる．債券は発行主体によって政府の発行する国債，地方自治体が発行する地方債，株式会社などの一般企業が発行する事業債（社債）などに分類される．

　債券には利子などの支払方法の違いにより大きく分けて**割引債**と**利付債**の2種類がある．割引債は発行時点で額面よりも低い金額で投資家に販売され償還日に額面金額が支払われる債券である．額面よりも割り引かれた価格で販売されることから割引債と呼ばれる．割引債の購入による利益は額面と購入価格の差額で与えられる．割引債の購入価格を V，額面を F とし，償還日まで T 年あるとすると，割引債のキャッシュフローは

$$\begin{array}{c|cccccc} \text{時点} & 0 & 1 & 2 & \cdots & T-1 & T \\ \hline C(t) & -V & 0 & 0 & \cdots & 0 & F \end{array} \tag{3.1}$$

となる．このキャッシュフロー (3.1) は購入時点で確定されているので，割引債は確定利付証券である．一方，利付債は償還日に額面の金額が支払われるだけでなく償還されるまで定期的に（通常は年2回）利子（これをクーポンと呼ぶ）が保有者に支払わ

れる．利子 C の支払いが 1 年ごとに行われるとすると，利付債のキャッシュフローは

$$
\begin{array}{c|ccccccc}
\text{時点} & 0 & 1 & 2 & \cdots & T-1 & T \\
\hline
C(t) & -P & C & C & \cdots & C & C+F
\end{array}
\tag{3.2}
$$

である（通常，最後の利子は償還日に額面金額と併せて支払われる）．利付債もまた
(3.2) という固定されたキャッシュフローを持つ証券なので確定利付証券の一種である[*1]．また，1 年分の利子 C を M 回に分けて受け取るとすると（多くの利付債では半年ごとに利子の支払いが行われる），この場合の利付債のキャッシュフローは以下のようになる[*2]．

$$
\begin{array}{c|ccccccc}
\text{時点} & 0 & \frac{1}{M} & \frac{2}{M} & \cdots & T-\frac{1}{M} & T \\
\hline
C(t) & -P & \frac{C}{M} & \frac{C}{M} & \cdots & \frac{C}{M} & \frac{C}{M}+F
\end{array}
\tag{3.3}
$$

本章では説明を簡単にするために 1 年ごとに利子が支払われると仮定し，原則として 1 年複利と連続複利の場合のみを対象とした解説を行うこととする．したがって，利付債におけるキャッシュフロー（利子と償還金の支払い）の発生回数は残存期間 T と同じになる．

　キャッシュフローの IRR の定義をそのまま債券のキャッシュフローに適用すると債券の IRR が求められる．この債券の IRR を特に債券の**利回り**と呼ぶ．割引債の利回りは，額面を F，購入価格を V，残存期間を T とすると，

$$
0 = -V + F(x^*)^T \quad \Rightarrow \quad x^* = \left(\frac{V}{F}\right)^{\frac{1}{T}},
\tag{3.4}
$$

という x^* を (2.23) 式で変換したものが割引債の利回りとなる．つまり，

[*1]　割引債も利付債も利子や償還金が前もって確定されている証券であるが，必ず決められた金額の利子や償還金を受け取ることができる保証は現実にはない．例えば償還日までに債券を発行した政府や企業が破綻し債務を全額返済することが不可能になった場合は利子の支払いや償還金の受け取りができなくなる（債務不履行になる）可能性がある．このような債券保有に関するリスクを**債務不履行（デフォルト）リスク**と呼び，債券運用に関する重要なリスクの 1 つとなっている．債務不履行リスクの目安として様々な格付け機関が債券投資の適格度を格付けとして公表している．

[*2]　実際には利付債の売買が利子の支払日に合わせて行われるわけではないから，次回の利払いの前に（例えば 3 ヶ月前に）利付債を購入した場合，利付債の購入者は半年ではなく 3 ヶ月待つだけで最初の利子を受け取ることができることになる．これでは本来であれば利付債の前の保有者に属する 3 ヶ月分の利子も購入者が受け取ってしまうことになる．以前の利付債保有者の利子の取り分は利付債購入の際に購入者が支払うことが慣行となっている．これを**経過利子**と呼ぶ．経過利子は前回の利払いからの経過時間を τ $\left(0 \leqq \tau < \frac{1}{M}\right)$ とすると，経過利子は

$$
経過利子 = \frac{前回の利払いからの経過時間}{利支払い間隔} \times 1 回分の利子 = \frac{\tau}{\frac{1}{M}} \times \frac{C}{M} = \tau C,
$$

として与えられる．経過利子を考慮に入れると利付債の購入費用は債券価格 P だけではなく経過利子 τC を併せた $P + \tau C$ となる．

$$y = \begin{cases} \left(\dfrac{F}{V}\right)^{\frac{1}{T}} - 1, & \text{(1 年複利)}, \\ \dfrac{1}{T} \log \dfrac{F}{V}, & \text{(連続複利)}, \end{cases} \tag{3.5}$$

として与えられる．割引債がゼロクーポン債とも呼ばれることから割引債の利回り y はゼロ・レートとも呼ばれる．利付債の利回りは，購入価格を P，利子を C，残存期間を T とすると

$$0 = -P + Cx^* + \cdots + C(x^*)^t + \cdots + (C+F)(x^*)^T, \tag{3.6}$$

を満たす x^* を (2.23) 式で変換したものである[*3]．

キャッシュフローの IRR が一意の正の値をとる条件は

(A1) $C(0) < 0$.

(A2) $C(t) \geqq 0 \ (t = 1, \ldots, T)$ で少なくとも 1 つの $C(t)$ は $C(t) > 0$.

(A3) $\sum_{t=0}^{T} C(t) > 0$.

であった．割引債のキャッシュフロー (3.1) と利付債のキャッシュフロー (3.2) で (A1)–(A3) を満たせば，割引債と利付債の利回りは一意に正の値をとることになる．通常，債券では (A1) と (A2) が満たされないことはありえない．したがって，債券利回りがマイナスの値になるのは (A3) が満たされない場合，つまり

$$\sum_{t=0}^{T} C(t) = TC + F - P < 0,$$

となるときである．

(3.5) 式より，割引債の利回り y が価格 V の減少関数であることは明らかである．よって，価格 V と利回り y は必ず逆向きに動く．そのため割引債価格が上昇（下落）すれば利回りは下落（上昇）することになる．割引債とは異なり，利付債の価格と利回りの関係式 (3.6) は T 次多項式であるため，両者の関係を直感的に把握することは難しい．そこで利回り y が変化したときに債券価格 P がいくら変化するかを微分を使って考えよう．(3.6) 式より，利付債価格は

$$P = Cx^* + C(x^*)^2 + \cdots + (C+F)(x^*)^T, \tag{3.8}$$

である．ここで 1 年複利を想定して

$$x^* = \frac{1}{1+y}, \quad C(t) = \begin{cases} C, & (t = 1, \ldots, T-1), \\ C+F, & (t = T), \end{cases}$$

[*3] (3.6) 式の解を求めるには T 次方程式を解かなければならない．代わりに計算の簡単な

$$\text{最終利回り} = \frac{\frac{C}{F} + \frac{F-P}{T}}{P}, \tag{3.7}$$

が使われることもある．なお (3.7) 式の分子の第 1 項 $\frac{C}{F}$ は表面利率と呼ばれる．

とおき,

$$\frac{dx^*}{dy} = -\frac{1}{(1+y)^2},$$

であることを使って (3.8) 式の両辺を y について微分すると,

$$\frac{dP}{dy} = \frac{d}{dy}\left(C(1) \times x^* + C(2) \times (x^*)^2 + \cdots + C(t) \times (x^*)^T\right)$$

$$= C(1)\frac{dx^*}{dy} + C(2) \times 2x^*\frac{dx^*}{dy} + \cdots + C(t) \times T(x^*)^{T-1}\frac{dx^*}{dy}$$

$$= \left(C(1) + 2C(2) \times x^* + \cdots + TC(t) \times (x^*)^{T-1}\right) \times \left\{-\frac{1}{(1+y)^2}\right\}$$

$$= -x^*\left(C(1) \times x^* + 2C(2) \times (x^*)^2 + \cdots + TC(t) \times (x^*)^T\right)$$

$$= -\frac{1}{1+y}\sum_{t=1}^{T}\frac{tC(t)}{(1+y)^t}, \tag{3.9}$$

となる. (3.9) 式より明らかなように, $\frac{dP}{dy}$ は必ず負の値をとるから, 利付債価格 P は利回り y の減少関数であることがわかる. ちなみに連続複利の場合は,

$$x^* = e^{-y}, \quad \frac{dx^*}{dy} = -e^{-y},$$

であるから, 利付債価格 P を利回り y で微分すると

$$\frac{dP}{dy} = -\sum_{t=1}^{T} te^{-yt}C(t), \tag{3.10}$$

となる. やはり P は y の減少関数である. このように債券の価格と利回りが一対一で対応していることから価格を用いても利回りを用いても同じ取引結果を指すことになるが, 債券市場における債券取引の結果は慣例として価格ではなく利回りで報告されることが多い.

▶ 債券の利回りと価格の関係

コード 3.1 (pyfin_bond_yield_price.py)

```
1  # -*- coding: utf-8 -*-
2  #   NumPyの読み込み
3  import numpy as np
4  #   NumPyのPolynomialモジュールの読み込み
5  import numpy.polynomial.polynomial as pol
6  #   MatplotlibのPyplotモジュールの読み込み
7  import matplotlib.pyplot as plt
8  #   日本語フォントの設定
9  from matplotlib.font_manager import FontProperties
10 import sys
11 if sys.platform.startswith('win'):
```

```
12      FontPath = 'C:\Windows\Fonts\meiryo.ttc'
13  elif sys.platform.startswith('darwin'):
14      FontPath = '/System/Library/Fonts/ヒラギノ角ゴシック W4.ttc'
15  elif sys.platform.startswith('linux'):
16      FontPath = '/usr/share/fonts/truetype/takao-gothic/TakaoExGothic.ttf'
17  jpfont = FontProperties(fname=FontPath)
18  #%% 債券利回りの計算
19  def Bond_Yield(Price, Maturity, CouponRate, FaceValue):
20      #       Price: 債券価格
21      #    Maturity: 残存期間
22      #  CouponRate: 表面利率 (%)
23      #   FaceValue: 額面
24      #      Output: 債券利回り (%)
25      Coupon = 0.01 * CouponRate * FaceValue
26      CF = np.r_[-Price, np.tile(Coupon, int(Maturity) - 1), FaceValue + Coupon]
27      Roots = pol.polyroots(CF)
28      Real = np.real(Roots[np.isreal(Roots)])
29      Positive = np.asscalar(Real[Real > 0.0])
30      return (1.0 / Positive - 1.0) * 100
31  #%% 債券価格の計算
32  def Bond_Price(Yield, Maturity, CouponRate, FaceValue):
33      #       Yield: 債券利回り (%)
34      #    Maturity: 残存期間
35      #  CouponRate: 表面利率 (%)
36      #   FaceValue: 額面
37      #      Output: 債券価格
38      Coupon = 0.01 * CouponRate * FaceValue
39      CF = np.r_[0.0, np.tile(Coupon, int(Maturity) - 1), FaceValue + Coupon]
40      return pol.polyval(1.0 / (1.0 + 0.01 * Yield), CF)
41  #%% 債券の利回りと価格の計算
42  #   利回り7%, 残存期間7年, 表面利率5%, 額面100円の利付債の価格
43  P_A = Bond_Price(7, 7, 5, 100)
44  #   価格98円, 残存期間5年, 表面利率5%, 額面100円の利付債の利回り
45  Y_B = Bond_Yield(98, 5, 5, 100)
46  #%% 債券の利回りと価格の関係を示すグラフの作成
47  #   残存期間7年, 表面利率5%, 額面100円の利付債
48  V_Yield = np.linspace(0, 12, 41)
49  V_Price = np.array([Bond_Price(Yield, 7, 5, 100) for Yield in V_Yield])
50  fig1 = plt.figure(1, facecolor = 'w')
51  plt.plot(V_Yield, V_Price, 'k-')
52  plt.xlabel(u'利回り', fontproperties=jpfont)
53  plt.ylabel(u'価格', fontproperties=jpfont)
54  plt.show()
```

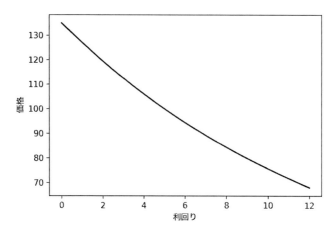

図 3.1 債券の利回りと価格の関係

　債券の利回りと価格の関係を図示したものが図 3.1 である．横軸には利回りをとり，縦軸には価格をとっている．図 3.1 で対象としている債券は，残存期間 T が 7 年，表面利率 $\frac{C}{F}$ が 5%，額面 F が 100 円の利付債であり，1 年複利を前提に与えられた利回りから対応する価格を計算している．図 3.1 から明らかなように，債券の利回りと価格の間には片方が上がると片方が下がるという関係が存在することがわかる．この図 3.1 を作成するために使用した Python コードが，コード 3.1 である．このコードの仕組みを詳しく解説しよう．

　コード 3.1 の最初の 17 行は第 2 章でも扱ったパッケージの読み込みと日本語フォントの設定であるから説明を割愛する．第 18 行から第 30 行では債券の利回りを求める関数 Bond_Yield を定義している．

```
18  #%% 債券利回りの計算
19  def Bond_Yield(Price, Maturity, CouponRate, FaceValue):
20      #      Price: 債券価格
21      #   Maturity: 残存期間
22      # CouponRate: 表面利率 (%)
23      #  FaceValue: 額面
24      #     Output: 債券利回り (%)
25      Coupon = 0.01 * CouponRate * FaceValue
26      CF = np.r_[-Price, np.tile(Coupon, int(Maturity) - 1), FaceValue + Coupon]
27      Roots = pol.polyroots(CF)
28      Real = np.real(Roots[np.isreal(Roots)])
29      Positive = np.asscalar(Real[Real > 0.0])
30      return (1.0 / Positive - 1.0) * 100
```

関数の中身は第2章で説明したコード2.2に出てきた関数 IRR とほぼ同じである. 違いはキャッシュフローを格納している NumPy 配列 CF を関数内部で作成している箇所

```
25    Coupon = 0.01 * CouponRate * FaceValue
26    CF = np.r_[-Price, np.tile(Coupon, int(Maturity) - 1), FaceValue + Coupon]
```

だけである. 最初の行では, 表面利率 CouponRate と額面 FaceValue から毎年受け取る利子 Coupon を計算している. 次の行では, (3.2) にある利付債のキャッシュフローを格納した NumPy 配列 CF を作成している. ここでも第2章で出てきた np.tile() と np.r_[...] を活用している. なお Maturity に int() を付けているのは, Maturity の値を強制的に整数にするためである. こうする理由は np.tile() に与える繰り返し回数の値は必ず整数でなければならないからである. 何かの拍子に Maturity の値が整数でなくなると（細かいことだが Python にとって 1.0 は整数 1 ではない）エラーが発生する. これを避けるために int() で整数に強制変換しているのである.

```
31    #%% 債券価格の計算
32    def Bond_Price(Yield, Maturity, CouponRate, FaceValue):
33        #      Yield: 債券利回り (%)
34        #   Maturity: 残存期間
35        # CouponRate: 表面利率 (%)
36        #  FaceValue: 額面
37        #     Output: 債券価格
38        Coupon = 0.01 * CouponRate * FaceValue
39        CF = np.r_[0.0, np.tile(Coupon, int(Maturity) - 1), FaceValue + Coupon]
40        return pol.polyval(1.0 / (1.0 + 0.01 * Yield), CF)
```

続く第31行から第40行では債券の価格を求める関数 Bond_Price を定義している. この関数の中身も, NumPy 配列 CF を作成している箇所を除いて, 第2章で説明したコード2.2に出てきた関数 NPV とほぼ同じである. このように定義した関数を使って債券の利回りと価格を計算しているのが次の部分である.

```
41    #%% 債券の利回りと価格の計算
42    #  利回り7%, 残存期間7年, 表面利率5%, 額面100円の利付債の価格
43    P_A = Bond_Price(7, 7, 5, 100)
44    #  価格98円, 残存期間5年, 表面利率5%, 額面100円の利付債の利回り
45    Y_B = Bond_Yield(98, 5, 5, 100)
```

計算結果をコンソールに出力すると以下のようになる.

```
In [2]: P_A
```

```
Out[2]: 89.221421196702593

In [3]: Y_B
Out[3]: 5.4679412068092015
```

コード 3.1 の最後の部分において図 3.1 を作成している．使用している関数は既に第2章で説明したものばかりである．なお図 3.1 の作成に関数 Bond_Yield は使用されていない．関数 Bond_Price だけで十分である．また第 49 行において for 文を配列の中に埋め込むことで，あらかじめ for ループに入る前に計算結果を格納する NumPy 配列 V_Price を用意する手間を省いている．

```
46 #%% 債券の利回りと価格の関係を示すグラフの作成
47 #    残存期間7年，表面利率5%，額面100円の利付債
48 V_Yield = np.linspace(0, 12, 41)
49 V_Price = np.array([Bond_Price(Yield, 7, 5, 100) for Yield in V_Yield])
50 fig1 = plt.figure(1, facecolor = 'w')
51 plt.plot(V_Yield, V_Price, 'k-')
52 plt.xlabel(u'利回り', fontproperties=jpfont)
53 plt.ylabel(u'価格', fontproperties=jpfont)
54 plt.show()
```

3.2 デュレーションとコンベクシティ

債券の価格と利回りの関係をもう少し深く考察してみよう．債券価格 P を債券利回り y の関数として $P(y)$ と明示的に表記し，これを現在の利回り y の近傍で 1 次テイラー展開すると，新たな利回り y^* の下での価格 $P(y^*)$ は

$$P(y^*) \approx P(y) + \frac{dP(y)}{dy}(y^* - y), \tag{3.11}$$

と近似される．

$$\triangle y = y^* - y, \quad \triangle P = P(y^*) - P(y),$$

と定義すれば，債券利回りが y から y^* へと変化したときの債券の価格変化率 $\frac{\triangle P}{P}$ は

$$\triangle P \approx \frac{dP}{dy}\triangle y \quad \Rightarrow \quad \frac{\triangle P}{P} \approx \frac{1}{P}\frac{dP}{dy}\triangle y,$$

として近似される．ここで $\frac{1}{P}\frac{dP}{dy}$ は利回りの変化 $\triangle y$ に起因する価格変化率 $\frac{\triangle P}{P}$ の大きさを決定する因子と解釈される．これを利回り y に対する価格 P の「感応度」と名付けよう．(3.9) 式を使うと，価格 P の利回り y に対する感応度の関数形は以下のように求まる．

$$-\frac{1}{P}\frac{dP}{dy} = \frac{1}{(1+y)P}\sum_{t=1}^{T}\frac{tC(t)}{(1+y)^t}. \tag{3.12}$$

(3.12) 式の左辺にマイナスが付いているのは，利回りと価格は必ず逆向きに動くので $\frac{dP}{dy} < 0$ となることから，-1 を掛けて感応度が常に正の値になるようにしているからである．(3.8) 式の利付債価格が

$$P = \sum_{t=1}^{T}\frac{C(t)}{(1+y)^t},$$

となることを使うと (3.12) 式は

$$-\frac{1}{P}\frac{dP}{dy} = \frac{\mathcal{D}}{1+y}, \quad \mathcal{D} = \sum_{t=1}^{T}\frac{tC(t)}{(1+y)^t}\bigg/\sum_{t=1}^{T}\frac{C(t)}{(1+y)^t}, \tag{3.13}$$

と書き直される．(3.13) 式の $\mathcal{D}$ を発案者の名前をとってマコーレー・デュレーション，あるいは単にデュレーションと呼ぶ．通常 y は 0 に近い値なので $\frac{1}{1+y} \approx 1$ と考えると，利回りに対する感応度 $-\frac{1}{P}\frac{dP}{dy}$ はデュレーション $\mathcal{D}$ で近似できる．よって，利回りの変化 $\triangle y$ と価格変化率 $\frac{\triangle P}{P}$ の関係は以下の式で近似される．

$$\frac{\triangle P}{P} \approx -\mathcal{D}\triangle y. \tag{3.14}$$

一方，(3.13) 式の右辺で

$$\mathcal{D}_M = \frac{\mathcal{D}}{1+y},$$

とまとめたものを修正デュレーションと定義すると，

$$-\frac{1}{P}\frac{dP}{y} = \mathcal{D}_M, \tag{3.15}$$

となるから，修正デュレーション $\mathcal{D}_M$ は債券価格の利回りに対する感応度そのものとなる．

(3.13) 式のデュレーション $\mathcal{D}$ は，

$$\mathcal{D} = \sum_{t=1}^{T}w_t t, \quad w_t = \frac{\frac{C(t)}{(1+y)^t}}{P},$$

と書き直される．ここで w_t は，個々の $C(t)$ の現在価値とキャッシュフロー $\{C(1),\ldots,C(T)\}$ の現在価値の総和（つまり債券価格 P）の比率であり，当然

$$0 < w_t < 1, \quad \sum_{t=1}^{T}w_t = \frac{\sum_{t=1}^{T}\frac{C(t)}{(1+y)^t}}{P} = 1,$$

を満たす．したがって，デュレーション $\mathcal{D}$ は資金の受け取りまでの期間 $\{1,\ldots,T\}$ を $\{w_1,\ldots,w_T\}$ で加重平均した「平均回収期間」と解釈可能である．特に割引債の

場合，キャッシュフローは (3.1) で与えられるから，

$$\mathcal{D} = \frac{1}{V} \sum_{t=1}^{T} \frac{tC(t)}{(1+y)^t} = \frac{1}{V} \frac{TF}{(1+y)^T} = T,$$

（最後の等式は割引債の利回りの定義式 (3.5) より明らか）つまり，デュレーションは必ず残存期間 T に等しくなる．これは「デュレーションは平均回収期間である」という解釈からすると自然な結果であろう．

ちなみに連続複利を使うと (3.13) 式よりもすっきりした形で債券価格の利回りに対する感応度を導出できる．(3.10) 式を使うと，連続複利における感応度は

$$-\frac{1}{P}\frac{dP}{dy} = \mathcal{D}, \quad \mathcal{D} = \frac{\sum_{t=1}^{T} te^{-yt}C(t)}{\sum_{t=1}^{T} e^{-yt}C(t)}, \tag{3.16}$$

となるから，感応度はデュレーションそのものに等しくなる．

(3.11) 式の 1 次近似は，基本的に図 3.1 の曲線を接線で近似しているようなものである．これはさすがに近似としては粗すぎるので，テイラー展開を使って 2 次の項まで展開することを考えよう．

$$P(y^*) \approx P(y) + \frac{dP(y)}{dy}(y^* - y) + \frac{1}{2}\frac{d^2P(y)}{dy^2}(y^* - y)^2. \tag{3.17}$$

先ほどの利回りの変化 $\triangle y$ と価格の変化 $\triangle P$ を使うと，(3.17) 式は

$$\triangle P \approx \frac{dP}{dy}\triangle y + \frac{1}{2}\frac{d^2P}{dy^2}(\triangle y)^2,$$

と書き直されるから，債券の価格変化率 $\frac{\triangle P}{P}$ は

$$\frac{\triangle P}{P} \approx \frac{1}{P}\frac{dP}{dy}\triangle y + \frac{1}{2P}\frac{d^2P}{dy^2}(\triangle y)^2$$

$$= -\mathcal{D}_M\triangle y + \frac{\mathcal{C}}{2}(\triangle y)^2, \tag{3.18}$$

$$\mathcal{C} = \frac{1}{P}\frac{d^2P}{dy^2}, \tag{3.19}$$

と表されることになる．(3.19) 式の $\mathcal{C}$ は債券のコンベクシティと呼ばれる．つまり，コンベクシティ $\mathcal{C}$ は，債券の価格変化率 $\frac{\triangle P}{P}$ を利回りの変化 $\triangle y$ で 2 次近似したときの図 3.1 の曲線の「曲がりの程度」を表しているといえる．

次にデュレーション $\mathcal{D}$ とコンベクシティ $\mathcal{C}$ の関係を詳しく見てみる．デュレーション $\mathcal{D}$ を利回り y で微分すると

$$\frac{d\mathcal{D}}{dy} = \frac{1}{P^2}\left(-\frac{1}{1+y}\sum_{t=1}^{T}\frac{t^2 C(t)}{(1+y)^t}P - \sum_{t=1}^{T}\frac{tC(t)}{(1+y)^t}\frac{dP}{dy}\right)$$

$$= -\frac{1}{1+y}\left(\sum_{t=1}^{T}\underbrace{\frac{\frac{C(t)}{(1+y)^t}}{P}}_{w_t}t^2 + \sum_{t=1}^{T}\underbrace{\frac{\overbrace{\frac{C(t)}{(1+y)^t}}^{w_t}}{P}t}_{\mathcal{D}}\cdot\underbrace{(1+y)\frac{1}{P}\frac{dP}{dy}}_{-\mathcal{D}}\right)$$

$$= -\frac{1}{1+y}\left\{\sum_{t=1}^{T}w_t t^2 - \left(\sum_{t=1}^{T}w_t t\right)^2\right\}$$

$$= -\frac{1}{1+y}\mathcal{S}, \quad \mathcal{S} = \sum_{t=1}^{T}w_t(t-\mathcal{D})^2 = \frac{1}{P}\sum_{t=1}^{T}\frac{(t-\mathcal{D})^2 C(t)}{(1+y)^t}, \qquad (3.20)$$

となるから $\mathcal{D}$ は y の減少関数である．なお (3.20) 式の $\mathcal{S}$ は資金の受け取りまでの期間 $\{1,\ldots,T\}$ の加重分散であり，ディスパーションと呼ばれる．一方，微分の連鎖律を使うと，同じ微分が

$$\frac{d\mathcal{D}}{dy} = \frac{d}{dy}\left(-\frac{1+y}{P}\frac{dP}{dy}\right)$$

$$= -\frac{P - (1+y)\frac{dP}{dy}}{P^2}\frac{dP}{dy} - \frac{1+y}{P}\frac{d^2 P}{dy^2}$$

$$= \frac{(1+\mathcal{D})\mathcal{D}}{1+y} - (1+y)\mathcal{C},$$

となるから，

$$\frac{(1+\mathcal{D})\mathcal{D}}{1+y} - (1+y)\mathcal{C} = -\frac{1}{1+y}\mathcal{S},$$

という等式が導かれる．よって，コンベクシティ $\mathcal{C}$ は

$$\mathcal{C} = \frac{\mathcal{S} + (1+\mathcal{D})\mathcal{D}}{(1+y)^2}, \qquad (3.21)$$

と表現されることがわかる．(3.13) 式と (3.20) 式よりデュレーション $\mathcal{D}$ とディスパーション $\mathcal{S}$ は必ず正の値をとるから，コンベクシティ $\mathcal{C}$ も必ず正の値になる．このことは $\triangle y$ の符号（正あるいは負）に関わらず (3.18) 式の第 2 項は正の値をとることを意味する．したがって，もし $\triangle y > 0$ であるときにコンベクシティを考慮しなければ，デュレーションだけでは債券価格の下落率を過大評価してしまう．逆に $\triangle y < 0$ であるときにコンベクシティを考慮しないと，デュレーションだけでは債券価格の上昇率を過小評価してしまうことになる．さらに (3.18) 式より，デュレーション一定であればコンベクシティが大きいほど利回りの上昇の影響を受けにくい債券であることがわかる．

　これを図示しているのが図 3.2 である．この図は，利回りが 5% である 2 つの債券

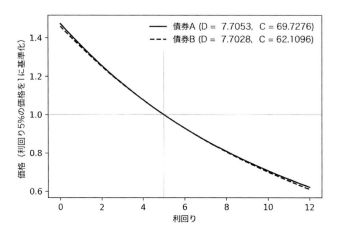

図 **3.2**　債券のデュレーションとコンベクシティの関係

- 債券 A —— 残存期間 10 年，表面利率 7%
- 債券 B —— 残存期間 8 年，表面利率 0.9%

の価格が利回りが 5% から動いたときにどう変化するかを示したものである．この図
では利回りと価格の関係が債券 A は実線，債券 B は破線で示されている．両者は利
回り 5% の点でデュレーションが約 7.7 でほぼ同じである．債券 A と債券 B は債券価
格は異なるが，利回り 5% での価格が共に 1 になるように基準化してやると，2 つの曲
線は利回り 5% の点で接線の傾きがほぼ同じになり互いに接しているようなグラフを
作成できる．デュレーションだけに着目すると，債券 A と債券 B の価格が利回りの
変動から受ける影響は同じに見える．しかし，債券 A の方が利回り 5% でのコンベク
シティが大きいため，債券 A の曲線の方が右上により湾曲することになる．そのため
債券 A の曲線は利回りが 5% を上回ったとき（十字に点線で区切られた領域でいうと
右下の部分で）は常に債券 B の曲線の上側にあることになる．よって，利回りの上昇
に伴う価格の下落率は債券 A の方が債券 B よりも小さくなる．一方，利回りが 5% を
下回ったとき（十字に点線で区切られた領域でいうと左上の部分で）も債券 A の曲線
は常に債券 B の上側にあるため，利回りの下落に伴う価格の上昇率も債券 A の方が
大きいことがわかる．したがって，利回りが 5% から上がっても下がっても債券 A が
債券 B よりも「価格変動から受ける悪影響は小さい」のである．以上のことから，同
じデュレーションであれば，コンベクシティの高い債券を保有した方が有利な運用が
できるといえよう．

▶ 債券のデュレーションとコンベクシティの計算

コード **3.2** pyfin_bond_duration_convexity.py

```python
# -*- coding: utf-8 -*-
#   NumPyの読み込み
import numpy as np
#   NumPyのPolynomialモジュールの読み込み
import numpy.polynomial.polynomial as pol
#   MatplotlibのPyplotモジュールの読み込み
import matplotlib.pyplot as plt
#   日本語フォントの設定
from matplotlib.font_manager import FontProperties
import sys
if sys.platform.startswith('win'):
    FontPath = 'C:\Windows\Fonts\meiryo.ttc'
elif sys.platform.startswith('darwin'):
    FontPath = '/System/Library/Fonts/ヒラギノ角ゴシック W4.ttc'
elif sys.platform.startswith('linux'):
    FontPath = '/usr/share/fonts/truetype/takao-gothic/TakaoExGothic.ttf'
jpfont = FontProperties(fname=FontPath)
#%% 債券価格の計算
def Bond_Price(Yield, Maturity, CouponRate, FaceValue):
    #       Yield: 債券利回り (%)
    #    Maturity: 残存期間
    #  CouponRate: 表面利率 (%)
    #   FaceValue: 額面
    #      Output: 債券価格
    Coupon = 0.01 * CouponRate * FaceValue
    CF = np.r_[0.0, np.tile(Coupon, int(Maturity) - 1), FaceValue + Coupon]
    return pol.polyval(1.0 / (1.0 + 0.01 * Yield), CF)
#%% 債券デュレーションの計算
def Bond_Duration(Yield, Maturity, CouponRate, FaceValue):
    #       Yield: 債券利回り (%)
    #    Maturity: 残存期間
    #  CouponRate: 表面利率 (%)
    #   FaceValue: 額面
    #      Output: 債券デュレーション
    Price = Bond_Price(Yield, Maturity, CouponRate, FaceValue)
    Coupon = 0.01 * CouponRate * FaceValue
    CF = np.r_[np.tile(Coupon, int(Maturity) - 1), Coupon + FaceValue]
    Coef = np.linspace(1, Maturity, Maturity) * CF
    return pol.polyval(1.0 / (1.0 + 0.01 * Yield), np.r_[0.0, Coef]) / Price
#%% 債券コンベクシティの計算
def Bond_Convexity(Yield, Maturity, CouponRate, FaceValue):
```

```
42    #        Yield: 債券利回り (%)
43    #     Maturity: 残存期間
44    #   CouponRate: 表面利率 (%)
45    #    FaceValue: 額面
46    #       Output: 債券コンベクシティ
47    Price = Bond_Price(Yield, Maturity, CouponRate, FaceValue)
48    Duration = Bond_Duration(Yield, Maturity, CouponRate, FaceValue)
49    Coupon = 0.01 * CouponRate * FaceValue
50    CF = np.r_[np.tile(Coupon, int(Maturity) - 1), Coupon + FaceValue]
51    Coef = (np.linspace(1, Maturity, Maturity) - Duration)**2 * CF
52    Dispersion = pol.polyval(1.0 / (1.0 + 0.01 * Yield), np.r_[0.0, Coef]) \
53                 / Price
54    return (Dispersion + (1.0 + Duration) * Duration) / (1.0 + 0.01 * Yield)**2
55 #%% 債券のデュレーションとコンベクシティの計算
56 #   債券A: 残存期間10年,  表面利率7%,  額面100円
57 #   債券B: 残存期間8年,  表面利率0.9%,  額面100円
58 #   利回りは全て5%で統一
59 P_A = Bond_Price(5, 10, 7, 100)
60 P_B = Bond_Price(5, 8, 0.9, 100)
61 D_A = Bond_Duration(5, 10, 7, 100)
62 D_B = Bond_Duration(5, 8, 0.9, 100)
63 C_A = Bond_Convexity(5, 10, 7, 100)
64 C_B = Bond_Convexity(5, 8, 0.9, 100)
65 #%% 債券のデュレーションとコンベクシティの関係を示すグラフの作成
66 V_Yield = np.linspace(0, 12, 41)
67 V_Price_A = np.array([Bond_Price(Yield, 10, 7, 100) for Yield in V_Yield])
68 V_Price_B = np.array([Bond_Price(Yield, 8, 0.9, 100) for Yield in V_Yield])
69 fig1 = plt.figure(1, facecolor = 'w')
70 plt.plot(V_Yield, V_Price_A / P_A, 'k-')
71 plt.plot(V_Yield, V_Price_B / P_B, 'k--')
72 plt.axhline(1, color='k', linestyle=':', linewidth=0.5)
73 plt.axvline(5, ymin=0, ymax=0.8, color='k', linestyle=':', linewidth=0.5)
74 plt.xlabel(u'利回り', fontproperties=jpfont)
75 plt.ylabel(u'価格（利回り 5%の価格を1に基準化）', fontproperties=jpfont)
76 Legend_A = u'債券 A (D ={0:8.4f},  C ={1:8.4f})'.format(D_A,C_A)
77 Legend_B = u'債券 B (D ={0:8.4f},  C ={1:8.4f})'.format(D_B,C_B)
78 plt.legend([Legend_A, Legend_B], loc='best', frameon=False, prop=jpfont)
79 plt.show()
```

　本節の最後に図 3.2 を作成するために使用した Python コード 3.2 を説明しよう．コードの前半はコード 3.1 とあまり変わらないので説明を割愛する．以下の部分では，デュレーションを計算する関数 Bond_Duration を定義している．

```
28  #%% 債券デュレーションの計算
29  def Bond_Duration(Yield, Maturity, CouponRate, FaceValue):
30      #      Yield: 債券利回り (%)
31      #   Maturity: 残存期間
32      # CouponRate: 表面利率 (%)
33      #  FaceValue: 額面
34      #     Output: 債券デュレーション
35      Price = Bond_Price(Yield, Maturity, CouponRate, FaceValue)
36      Coupon = 0.01 * CouponRate * FaceValue
37      CF = np.r_[np.tile(Coupon, int(Maturity) - 1), Coupon + FaceValue]
38      Coef = np.linspace(1, Maturity, Maturity) * CF
39      return pol.polyval(1.0 / (1.0 + 0.01 * Yield), np.r_[0.0, Coef]) / Price
```

まず債券価格を計算する関数 Bond_Price を使って債券価格 Price を求め，続いて債券のキャッシュフロー CF から系列 $\{C(1), 2C(2), \ldots, TC(T)\}$ を生成し NumPy 配列 Coef に格納している．最後は多項式の値を評価する pol.polyval() を利用してデュレーションの公式 (3.13) の分子を計算し，これを先に求めた債券価格 Price で割ってデュレーションを計算している．

コンベクシティを計算する関数 Bond_Convexity も中身は似たようなものである．

```
40  #%% 債券コンベクシティの計算
41  def Bond_Convexity(Yield, Maturity, CouponRate, FaceValue):
42      #      Yield: 債券利回り (%)
43      #   Maturity: 残存期間
44      # CouponRate: 表面利率 (%)
45      #  FaceValue: 額面
46      #     Output: 債券コンベクシティ
47      Price = Bond_Price(Yield, Maturity, CouponRate, FaceValue)
48      Duration = Bond_Duration(Yield, Maturity, CouponRate, FaceValue)
49      Coupon = 0.01 * CouponRate * FaceValue
50      CF = np.r_[np.tile(Coupon, int(Maturity) - 1), Coupon + FaceValue]
51      Coef = (np.linspace(1, Maturity, Maturity) - Duration)**2 * CF
52      Dispersion = pol.polyval(1.0 / (1.0 + 0.01 * Yield), np.r_[0.0, Coef]) \
53                   / Price
54      return (Dispersion + (1.0 + Duration) * Duration) / (1.0 + 0.01 * Yield)**2
```

まず債券価格 Price とデュレーション Duration を既に定義した関数 Bond_Price と Bond_Duration で計算する．続いて債券のキャッシュフロー CF から系列 $\{(1 - D)^2 C(1), (2 - D)^2 C(2), \ldots, (T - D)^2 C(T)\}$ を生成し NumPy 配列 Coef に格納している．そして，pol.polyval() を利用してディスパーションの公式 (3.20) を適用し，最後に (3.21) 式を使ってコンベクシティを計算する．

　以上で定義した関数を適用して債券 A と債券 B の価格，デュレーション，コンベクシティを計算しているのが以下の部分である．

```
55  #%% 債券のデュレーションとコンベクシティの計算
56  #    債券A: 残存期間10年，表面利率7%，額面100円
57  #    債券B: 残存期間8年，表面利率0.9%，額面100円
58  #    利回りは全て5%で統一
59  P_A = Bond_Price(5, 10, 7, 100)
60  P_B = Bond_Price(5, 8, 0.9, 100)
61  D_A = Bond_Duration(5, 10, 7, 100)
62  D_B = Bond_Duration(5, 8, 0.9, 100)
63  C_A = Bond_Convexity(5, 10, 7, 100)
64  C_B = Bond_Convexity(5, 8, 0.9, 100)
```

計算結果をコンソール上に出力すると以下のようになる．

```
In [2]: P_A
Out[2]: 115.4434698583696

In [3]: P_B
Out[3]: 73.500827686352352

In [4]: D_A
Out[4]: 7.7053274149258666

In [5]: D_B
Out[5]: 7.7027886687199825

In [6]: C_A
Out[6]: 69.727553966358798

In [7]: C_B
Out[7]: 62.109636339846048
```

そして，最後の部分において図 3.2 を作成している．

```
65  #%% 債券のデュレーションとコンベクシティの関係を示すグラフの作成
66  V_Yield = np.linspace(0, 12, 41)
67  V_Price_A = np.array([Bond_Price(Yield, 10, 7, 100) for Yield in V_Yield])
68  V_Price_B = np.array([Bond_Price(Yield, 8, 0.9, 100) for Yield in V_Yield])
69  fig1 = plt.figure(1, facecolor = 'w')
70  plt.plot(V_Yield, V_Price_A / P_A, 'k-')
71  plt.plot(V_Yield, V_Price_B / P_B, 'k--')
```

```
72  plt.axhline(1, color='k', linestyle=':', linewidth=0.5)
73  plt.axvline(5, ymin=0, ymax=0.8, color='k', linestyle=':', linewidth=0.5)
74  plt.xlabel(u'利回り', fontproperties=jpfont)
75  plt.ylabel(u'価格（利回り5%の価格を1に基準化）', fontproperties=jpfont)
76  Legend_A = u'債券 A (D ={0:8.4f}, C ={1:8.4f})'.format(D_A,C_A)
77  Legend_B = u'債券 B (D ={0:8.4f}, C ={1:8.4f})'.format(D_B,C_B)
78  plt.legend([Legend_A, Legend_B], loc='best', frameon=False, prop=jpfont)
79  plt.show()
```

ここもコード3.1と大差のない記述が続いているが, `plt.axhline()` と `plt.axvline()` でグラフ内の縦横の点線を描いている点と `format()` を使って変数の数値を書式付きで文字列に変換している点に留意しよう. 例えば第76行の `u' 債券 A (D ={0:8.4f}, C ={1:8.4f})'.format(D_A,C_A)` は, 変数 D_A と変数 C_A の値を文字列に変換して, D_A の値は {0:8.4f} のある場所に, C_A の値は {1:8.4f} のある場所に挿入するという表現である. ここで 8.4f は変換の際の書式を意味しており, 「小数点以下が4桁で全体の長さが8文字（小数点も1文字と数える）である文字列に変換せよ」という指示である. これによって凡例内の文字列に計算結果を書式を指定して自動的に挿入できるようになる.

3.3 債券利回りの期間構造

利付債の利回り y は (3.6) 式の T 次方程式の解から求めることができる. そのため利付債の価格 P と利回り y は必ず一対一に対応しているように思うかもしれない. しかし, 利付債の価格 P は利回り y のみならず利子 C にも依存している. そのため同じ残存期間の利付債であっても表面利率 $\frac{C}{F}$ などの発行条件が異なるものが存在することから, 価格 P が同じ値になるとは限らない. 例えば2006年の比較的金利が高い時期に発行された20年利付国債（第90回債, 2006年9月29日発行, 2026年9月20日償還, 表面利率2.2%）と10年後の2016年のマイナス金利時代に発行された10年利付国債（第344回債, 2016年9月20日発行, 2026年9月20日償還, 表面利率0.1%）は, 2016年10月以降では残存期間が同じ利付債となる. しかし, 表面利率の差によって償還期日までのキャッシュフローが両者で異なるため, 当然のことであるが両者の市場価格は異なる. したがって, 第90回債と第344回債の流通利回り（市場価格から求められる利回り）が同じであったとしても, その利回りからそれぞれの市場価格を逆算するには各債券の表面利率の情報が必要になる. この表面利率が異なるなどの理由で利付債の利回りと価格が必ずしも一対一に対応しないという事実は, 新規発行される債券の価格を評価する上で投資家にとって不都合である. 過

去に発行され市場で流通している利付債の場合と異なり（この場合は流通利回りから
の逆算が可能である），これから発行される利付債の適正価格を評価するときに参考に
すべき利回りがいつも存在している保証はない．仮に新規発行される利付債と全く同
じ残存期間と表面利率を持つ利付債が市場で取引されていれば，この利付債の流通利
回りから新規発行される利付債の理論価格を求めることができるだろう．しかし，そ
れは現実には期待できない話である．そう都合よく発行条件の揃った利付債が既に存
在するとは限らないのだ．

　このような発行条件の違いに起因する影響を排除して債券の価格を統一的に評価す
るための手段として利回り曲線（イールドカーブ）が知られている．グラフとしての利
回り曲線は，残存期間を横軸にして対応する同じ種類の債券の利回りを縦軸にプロッ
トしたものである．特に割引債（ゼロクーポン債とも呼ばれる）の利回りはゼロレー
トあるいはスポットレート[*4]と呼ばれることから，その利回り曲線をゼロ（レート）
カーブあるいはスポット（レート）カーブという．簡単な数値例を使って利回り曲線
のイメージをつかもう．表 3.1 に 10 種類の利付債の市場価格，残存期間，表面利率
がまとめられている（これらは仮想的なデータである）．1 年複利を想定し，表 3.1 の
(i)〜(x) の各々の利付債の利回りを求めてプロットしたのが図 3.3 の破線である．こ
れらの利回りは表面利率の影響も含んだものとなっていることに注意しよう．一方，
表面利率の影響を排除して求めた割引債の利回り曲線（ゼロカーブ）は図 3.3 の実線
である．表 3.1 には割引債のデータが与えられていない．なぜ割引債の利回り曲線を
描けるのか読者の中には不思議に思う人もいるかもしれない．しかし，ある仮定の下
では利付債のデータのみから割引債の利回り曲線を推計できることが知られている．

表 **3.1**　仮想的な利付債の市場価格のデータ

利付債	市場価格（円）	残存期間（年）	表面利率（%）
(i)	99.90	1	2.0
(ii)	100.10	2	2.3
(iii)	100.66	3	2.6
(iv)	99.77	4	2.4
(v)	98.38	5	2.2
(vi)	96.00	6	1.9
(vii)	93.70	7	1.7
(viii)	95.32	8	2.1
(ix)	95.21	9	2.2
(x)	97.00	10	2.5

[*4]　本来の「スポットレート」は，フォワードレート（先物取引での利率・交換レート）と対比して
　　「直物取引（スポット取引）の利率・交換レート」という意味である．債券の先物取引が盛んに
　　行われていることから，フォワードレートと対比してゼロレート＝スポットレートといういい方
　　が債券分析の世界で普及したのであろうか．

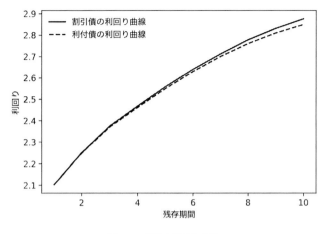

図 3.3　債券の利回り曲線

これは後で解説する. 図 3.3 で示されているように, 一般に利付債の利回り曲線と割引債の利回り曲線は一致しない. 割引債には利子が伴わないため, その利回りが有する情報は基本的に残存期間のみである. したがって, 図 3.3 において実線で描かれた割引債の利回り曲線を純粋に残存期間の関数と見なすことができる. しかし, 利付債の利回り曲線ではそうならない. この違いが発行条件の異なる利付債の価格評価において効いてくるのである. 本章では特に断らない限り, 「利回り曲線」は割引債の利回り曲線 (ゼロカーブ) を指すこととする.

　もしすべての残存期間に対して割引債の利回りが同じであれば, 利回り曲線は水平な直線となる. しかし, 利回り曲線が水平になることは稀である. 通常は図 3.3 のような右上がりの曲線 (順イールド) の形をしている. しかし, 時期によっては右下がりになったり (逆イールド), あるいは上がって下がる形 (ハンプ (駱駝の瘤)) になったりもする. このような利回り曲線の形状を利回りの**期間構造**という[*5].

　もしすべての残存期間に対して割引債が存在し市場で取引されているならば, その市場価格から計算された利回りによって利回り曲線を求めることができる. (3.5) 式の割引債の利回りの定義を使うと, 残存期間 t 年の割引債価格が $V(t)$ であるとき割

[*5]　利回りの期間構造を説明する代表的な仮説として以下の 3 つが知られている.
　(i) 期待仮説: 将来の利率に関する期待の変化によって利回り曲線の形状が決まってくるという仮説.
　(ii) 流動性選好仮説: 投資家は長期の債券よりも短期の債券を好むという仮説. そのため長期の債券の価格は低めになり, 結果として利回りは高めになる.
(iii) 市場分断仮説: 満期の異なる債券ごとに市場が分断されており, 分断された市場ごとに異なる投資家の選好を反映して利回りが決定される.

引債利回り $s(t)$ は

$$s(t) = \begin{cases} \left(\dfrac{F}{V(t)}\right)^{\frac{1}{t}} - 1, & (\text{1 年複利}), \\ \dfrac{1}{t}\log\dfrac{F}{V(t)}, & (\text{連続複利}), \end{cases} \qquad (3.22)$$

として与えられる．この $s(t)$ を縦軸に，時点 t を横軸にとってグラフを描くと，それが本章でいうところの利回り曲線となる．今後 $s(t)$ を残存期間 t の関数と見なす場合には $s(t)$ を利回り曲線と呼ぶことにする．逆に利回り曲線 $s(t)$ が与えられたと仮定しよう．すると対応する残存期間 t 年の割引債の価格 $V(t)$ を

$$V(t) = \begin{cases} \dfrac{F}{\{1+s(t)\}^t}, & (\text{1 年複利}), \\ e^{-s(t)t}F, & (\text{連続複利}), \end{cases} \qquad (3.23)$$

という公式で逆算できる．(3.23) 式をよく眺めてみると，残存期間 t 年の割引債の価格 $V(t)$ は，$s(t)$ を割引率に使った額面 F の現在価値に等しいことがわかる．したがって，(3.23) 式で割引債の額面 F を 1 円にして $V(t)$ を

$$V(t) = \begin{cases} \dfrac{1}{\{1+s(t)\}^t}, & (\text{1 年複利}), \\ e^{-s(t)t}, & (\text{連続複利}), \end{cases} \qquad (3.24)$$

と再定義すれば，このような $V(t)$ を一種の割引係数と解釈できるだろう．第 2 章で学んだ (2.13) 式の割引係数 $B(t)$ は，固定利率 r で利子がもらえる銀行預金を基準として将来受け取る金額を現在価値に割り引くためのものであったことを思い出そう．この銀行預金の代わりに割引債を基準とした割引係数を導入できないだろうか．本章では，この発想を推し進めて利回り曲線に基づく利付債の価格評価の原理を説明する．以下では利回り曲線 $s(t)$ を使った割引係数を一貫して $V(t)$ と表記して銀行預金を基準とする $B(t)$ とは明確に区別する．そして，「割引債価格＝割引係数」という世界において，現在価値を「将来の受け取り金額が決まっている投資手段が同時点に償還される割引債と同等になるための初期投資額」と再定義する．直感的には，この割引係数 $\{V(1),\dots,V(T)\}$ を使ってキャッシュフロー $\{C(1),\dots,C(T)\}$ の現在価値 PV を

$$PV = V(1)C(1) + V(2)C(2) + \cdots + V(T-1)C(T-1) + V(T)C(T),$$

と定義してよさそうである．結論からいうと，利付債についてはこの予想は正しいのだが，利付債のキャッシュフロー (3.2) の現在価値を $B(t)$ ではなく $V(t)$ で求めることができることを説明するにはもう少し準備と工夫が必要である．

これを説明するために，まず利付債が残存期間の異なる複数の割引債を組み合わせたものと見なせることを説明しよう．まず利付債のキャッシュフロー (3.2) は

(i) 残存期間 t $(t = 1, \ldots, T-1)$ の額面 1 円の割引債を C 単位購入する

(ii) 残存期間 T 年の額面 1 円の割引債を $C + F$ 単位購入する

ことで複製される点に着目しよう。要するに利付債とは償還日の異なる複数の割引債をセットで販売しているようなものである[6]。この発想を見やすくまとめると

	価格	時点				
		1	2	$\cdots$	$T-1$	T
割引債	$C \times V(1)$	C	0	$\cdots$	0	0
	$C \times V(2)$	0	C	$\cdots$	0	0
	$\vdots$			$\vdots$		
	$C \times V(T-1)$	0	0	$\cdots$	C	0
	$(C+F) \times V(T)$	0	0	$\cdots$	0	$C+F$
利付債	P	C	C	$\cdots$	C	$C+F$

(3.25)

となる。(3.25) の各時点で割引債の額面を縦方向に足していくと、最下段の利付債の利子と額面の受け取りのパターンと全く同じものになるのは明らかであろう。同一の収益を生み出す投資手段が市場で同一の価格で取引されることを**一物一価の法則**という。債券市場で一物一価の法則が成り立つと仮定すると、利付債の価格と利付債と同じ収益を生み出す割引債の組み合わせ（ポートフォリオ）を購入する費用（価格）は同じでなければならない。(3.25) で利付債と同じ収益を生み出す割引債のポートフォリオを購入する費用は、利付債の複製に必要な T 種類の割引債の価格の総和

$$C \times V(1) + C \times V(2) + \cdots + C \times V(T-1) + (C+F) \times V(T),$$

である。一物一価の法則により、これが利付債価格 P に等しくなければならないから、

$$P = C \times V(1) + C \times V(2) + \cdots + C \times V(T-1) + (C+F) \times V(T), \quad (3.26)$$

が成り立つことになる。(3.26) 式は、割引債価格を割引係数として求めた利付債の利子と額面の現在価値の総和が利付債価格に等しいことを意味している。

それでは利付債の価格公式 (3.26) の利点について考察しよう。(3.26) 式の具体例として、1 年複利の場合の利付債価格は

$$P = \frac{C}{1+s(1)} + \frac{C}{\{1+s(2)\}^2} + \cdots + \frac{C+F}{\{1+s(T)\}^T}, \quad (3.27)$$

を考えよう。(3.27) 式は、利付債を保有することで得られる収益 $\{C, C, \ldots, C+F\}$

---

[6]　利付債が紙の証券として販売されていた時代、額面を記載している証券の本体から各々の利札（クーポン）をミシン目で切り離すことができた。そのため物理的に利札を独立した割引債として転売することも可能であった

を対応する割引債利回り $\{s(1), s(2), \ldots, s(T)\}$ で割り引いた現在価値の総和として利付債価格が与えられることを表している．したがって，利回り曲線 $s(t)$ が与えられれば (3.27) 式を使って利付債価格 P を求めることができる．(3.27) 式を使うことの大きな利点は，一旦利回り曲線 $s(t)$ が与えられれば，いかなる利付債に対しても (3.27) 式を使って価格の評価ができることである．仮に債券市場における最も長い残存期間を $\bar{T}$ とし，利回り曲線 $s(t)$ $(0 < t \leqq \bar{T})$ が既知であるとしよう．このとき任意の残存期間 T $(0 < T \leqq \bar{T})$，利子 C の利付債の価格を (3.27) 式によって計算できるようになる．これは新規発行される利付債の価格評価で威力を発揮する特性である．一方，利付債利回り y の定義式

$$P = \frac{C}{1+y} + \frac{C}{(1+y)^2} + \cdots + \frac{C+F}{(1+y)^T}, \tag{3.28}$$

を右辺に既知の利付債利回り y を代入することでも利付債価格 P を求めることもできる．したがって，(3.28) 式を利付債の価格公式として使うこともできそうである．しかし，利付債利回り y が残存期間 T や利子 C によって変動するため，(3.28) 式を用いて利付債利回り y から利付債価格 P を評価する場合には，すべての T と C の組に対して y を知っていなければならない．これに対し (3.27) 式の場合には利回り曲線 $s(t)$ が既知であれば十分であるから，(3.28) 式と比べて (3.27) 式による利付債の価格評価は要求される情報の量において有利であるといえる．原則として (3.28) 式は利付債の市場価格 P から利付債利回り y を求めるための公式としてのみ使用すべきものであり，利付債の「適正価格」の公式としては (3.27) 式を採用すべきであろう．一般に利回り曲線 $s(t)$ に基づく利付債の価格評価の公式は，

$$P = \sum_{t=1}^{T} V(t)C(t), \tag{3.29}$$

として与えられる．この利回り曲線に基づく利付債の価格公式に基づいて新たなデュレーションを定義することもできる．詳細は本章の数学補論を参照のこと．

今までの説明では「すべての残存期間に対して割引債が存在し市場で取引されている」と仮定してきた．しかし，現実には割引債の大半は満期が 1 年未満の短期債であり，発行される債券の圧倒的多数を占める長期債は利付債ばかりである．それでは利付債の価格データしかないときに如何にすれば利回り曲線 $s(t)$ を求めることができるのだろうか．それにはブートストラップ法[7]と呼ばれる手法を使う．説明を簡単にするために同じ残存期間の利付債は 1 種類しか発行されていないとする．市場で N 種類の異なる残存期間 $T_1, \ldots, T_N$ の利付債が取引されていて，利付債 n $(= 1, \ldots, N)$

---

[7]　統計学にも同じ名称の「ブートストラップ法」という手法があるが，全く無関係であるから混同しないように注意しよう．

の利付債価格が P_n, キャッシュフローが $\{C_n(1),\ldots,C_n(\bar{T})\}$ であるとする（ここで $\bar{T}$ は市場での最長残存期間と仮定する）．利付債 n は時点 T_n で償還されるため, $t > T_n$ に対して $C_n(t) = 0$ となっていることに注意しよう．さらに時点 t が利払い期日でもなく償還期日でもない場合も $C_n(t) = 0$ とおく．すると (3.29) 式の利付債価格の公式より,

$$P_n = \sum_{t=1}^{T_n} V(t)C_n(t) = \sum_{t=1}^{\bar{T}} V(t)C_n(t), \quad (n = 1,\ldots,N),$$

が成り立つことがわかる．N 個の利付債の価格公式を行列とベクトルを使ってまとめると

$$\begin{bmatrix} P_1 \\ P_2 \\ \vdots \\ P_N \end{bmatrix} = \begin{bmatrix} C_1(1) & C_1(2) & \cdots & C_1(\bar{T}) \\ C_2(1) & C_2(2) & \cdots & C_2(\bar{T}) \\ \vdots & & \ddots & \vdots \\ C_N(1) & C_N(2) & \cdots & C_N(\bar{T}) \end{bmatrix} \begin{bmatrix} V(1) \\ V(2) \\ \vdots \\ V(\bar{T}) \end{bmatrix} \tag{3.30}$$

となる．この (3.30) 式を割引係数 $\{V(1),\ldots,V(\bar{T})\}$ を未知の変数とした連立方程式と見なして $\{V(1),\ldots,V(\bar{T})\}$ の解を求めることができれば,

$$s(t) = \begin{cases} \{V(t)\}^{-\frac{1}{t}} - 1, & (1\text{ 年複利}), \\ -\frac{1}{t}\log V(t), & (\text{連続複利}), \end{cases} \tag{3.31}$$

と変換することで利回り曲線 $s(t)$ が求まりそうである．しかし, 一般に $N > T$ の場合には (3.30) 式に解は存在しない．この場合の対策は後で説明するが, まずは (3.30) 式を $\{V(1),\ldots,V(\bar{T})\}$ を未知の変数とした連立方程式として解くことができる場合の説明をしよう．

利付債のインデックス n が利付債の残存期間 T_n に等しく $(n = T_n)$, $N = \bar{T}$ であるとしよう．このとき利付債 1 の残存期間は 1 年, 利付債 2 の残存期間は 2 年, $\cdots$, 利付債 N の残存期間 N 年で最長, ということになる．すると (3.30) 式は以下のように書き直される．

$$\underbrace{\begin{bmatrix} P_1 \\ P_2 \\ \vdots \\ P_N \end{bmatrix}}_{\boldsymbol{P}} = \underbrace{\begin{bmatrix} C_1(1) & 0 & \cdots & 0 \\ C_2(1) & C_2(2) & \cdots & 0 \\ \vdots & & \ddots & \vdots \\ C_N(1) & C_N(2) & \cdots & C_N(N) \end{bmatrix}}_{\boldsymbol{C}} \underbrace{\begin{bmatrix} V(1) \\ V(2) \\ \vdots \\ V(N) \end{bmatrix}}_{\boldsymbol{V}}. \tag{3.32}$$

ここで行列 $\boldsymbol{C}$ は $N \times N$ の下三角行列であり, その対角要素はすべて正の値（償還期日に受け取る利子と額面の合計金額）であるから, $\boldsymbol{C}$ は正則で逆行列を持つ．した

がって

$$V = C^{-1}P,$$

として (3.32) 式の解が求まる. 後は (3.31) 式で $V(t)$ を変換して利回り曲線 $s(t)$ を求めるだけである.

逆行列 C^{-1} の計算は難しいように見えるかもしれないが, 実は簡単に (3.32) 式を解くことができる. まず最初に $V(1)$ は (3.32) 式の第 1 行目から

$$V(1) = \frac{P_1}{C_1(1)},$$

として求められる. この $V(1)$ を (3.32) 式の第 2 行目に代入すると, $V(2)$ は

$$V(2) = \frac{P_2 - V(1)C_2(1)}{C_2(2)},$$

として計算される. 以下同様に計算を続けていくと, 最後の $V(N)$ は

$$V(N) = \frac{P_N - V(1)C_N(1) - \cdots - V(N-1)C_{N-1}(N-1)}{C_N(N)},$$

によって得られる. このような逐次計算で求めた $\{V(1), \ldots, V(N)\}$ から利回り曲線 $\{s(1), \ldots, s(N)\}$ を計算する手法をブートストラップ法と呼ぶ. 実は図 3.3 の割引債の利回り曲線はブートストラップ法で表 3.1 の数値から求められたものである.

一般の $N > \bar{T}$ の場合には上記のような通常のブートストラップ法は使えない. 代わりに割引債価格がある種の理論モデル[8]によって与えられると仮定し, この理論モデルを利付債価格のデータから推定することを考える. 理論モデルにおける割引債価格の関数を $V(t|\theta)$, 未知のモデル・パラメータ θ とすると, 非線形最小二乗法

$$\min_{\theta} \sum_{n=1}^{N} \left\{ P_n - \sum_{t=1}^{T} V(t|\theta)C_n(t) \right\}^2,$$

によって, θ の推定値 $\hat{\theta}$ を求めることができる. そして, $V(t|\hat{\theta})$ を推定された割引債価格として (3.31) 式で変換すると利回り曲線の推定値 $\hat{s}(t)$ が得られる. このような手法はファイナンスにおいてキャリブレーションと呼ばれている.

---

[8] 例えば, Nelson and Siegel (1987) は, 利回り曲線が

$$s(t) = \beta_1 + \beta_2 \left(\frac{1-e^{-\lambda t}}{\lambda t} \right) + \beta_3 \left(\frac{1-e^{-\lambda t}}{\lambda t} - e^{-\lambda t} \right),$$

という残存期間 t の連続関数で与えられると仮定した Nelson-Siegel モデルを提案している.

▶ 債券の利回りの計算

コード **3.3** pyfin_bond_yield_curve.py

```python
# -*- coding: utf-8 -*-
#   NumPyの読み込み
import numpy as np
#   NumPyのPolynomialモジュールの読み込み
import numpy.polynomial.polynomial as pol
#   NumPyのLinalgモジュールの読み込み
import numpy.linalg as lin
#   MatplotlibのPyplotモジュールの読み込み
import matplotlib.pyplot as plt
#   日本語フォントの設定
from matplotlib.font_manager import FontProperties
import sys
if sys.platform.startswith('win'):
    FontPath = 'C:\Windows\Fonts\meiryo.ttc'
elif sys.platform.startswith('darwin'):
    FontPath = '/System/Library/Fonts/ヒラギノ角ゴシック W4.ttc'
elif sys.platform.startswith('linux'):
    FontPath = '/usr/share/fonts/truetype/takao-gothic/TakaoExGothic.ttf'
jpfont = FontProperties(fname=FontPath)
#%% 債券利回りの計算
def Bond_Yield(Price, Maturity, CouponRate, FaceValue):
    #        Price: 債券価格
    #     Maturity: 残存期間
    #   CouponRate: 表面利率 (%)
    #    FaceValue: 額面
    #       Output: 債券利回り (%)
    Coupon = 0.01 * CouponRate * FaceValue
    CF = np.r_[-Price, np.tile(Coupon, int(Maturity) - 1), FaceValue + Coupon]
    Roots = pol.polyroots(CF)
    Real = np.real(Roots[np.isreal(Roots)])
    Positive = np.asscalar(Real[Real > 0.0])
    return (1.0 / Positive - 1.0) * 100
#%% 債券の利回り曲線
#   債券データ: 1列目-市場価格，2列目-残存期間，3列目-表面利率
Bond = np.array([
                 [ 99.90,  1, 2.0],
                 [100.10,  2, 2.3],
                 [100.66,  3, 2.6],
                 [ 99.77,  4, 2.4],
                 [ 98.38,  5, 2.2],
                 [ 96.00,  6, 1.9],
```

```
42              [ 93.70,  7, 1.7],
43              [ 95.32,  8, 2.1],
44              [ 95.21,  9, 2.2],
45              [ 97.00, 10, 2.5]
46              ])
47  F = 100
48  #    利付債利回りの計算
49  Yield = np.array([Bond_Yield(Bond[idx,0], Bond[idx,1], Bond[idx,2], F)
50                    for idx in range(0, Bond.shape[0])])
51  #    割引債利回りの計算
52  P = Bond[:,0]
53  C = F * np.identity(Bond.shape[0]) \
54      + np.tril(np.transpose(np.tile(0.01 * Bond[:,2] * F, (Bond.shape[0],1))))
55  V = lin.solve(C, P)
56  ZeroRate = (np.power(1.0 / V, 1.0 / Bond[:,1]) - 1.0) * 100
57  #    利回り曲線のグラフの作成
58  fig1 = plt.figure(1, facecolor='w')
59  plt.plot(Bond[:,1], ZeroRate, 'k-')
60  plt.plot(Bond[:,1], Yield, 'k--')
61  plt.xlabel(u'残存期間', fontproperties=jpfont)
62  plt.ylabel(u'利回り', fontproperties=jpfont)
63  plt.legend([u'割引債の利回り曲線', u'利付債の利回り曲線'], loc='best',
64             frameon=False, prop=jpfont)
65  plt.show()
```

　それでは図 3.3 を作成するために使用したブートストラップ法で利回り曲線を求める Python コード 3.3 の説明をしよう．このコードの前半は例によって各種パッケージ・モジュールの読み込みである．このコードで新しく使用しているモジュールは NumPy の中の Linalg モジュールである．

```
6  #    NumPyのLinalgモジュールの読み込み
7  import numpy.linalg as lin
```

このモジュールは線形代数 (**linear algebra**) から名付けられている．名前が示唆するように線形代数に出てくる各種の行列演算を行う関数が提供されるモジュールである．その後は債券利回りを計算する関数 Bond_Yield が定義されているが，これはコード 3.1 と全く同じものである．

　このコードの本体は以下の部分である．

```
33  #%% 債券の利回り曲線
34  #    債券データ：1列目-市場価格，2列目-残存期間，3列目-表面利率
35  Bond = np.array([
```

```
36                 [ 99.90,  1, 2.0],
37                 [100.10,  2, 2.3],
38                 [100.66,  3, 2.6],
39                 [ 99.77,  4, 2.4],
40                 [ 98.38,  5, 2.2],
41                 [ 96.00,  6, 1.9],
42                 [ 93.70,  7, 1.7],
43                 [ 95.32,  8, 2.1],
44                 [ 95.21,  9, 2.2],
45                 [ 97.00, 10, 2.5]
46                 ])
47  F = 100
48  #   利付債利回りの計算
49  Yield = np.array([Bond_Yield(Bond[idx,0], Bond[idx,1], Bond[idx,2], F)
50                    for idx in range(0, Bond.shape[0])])
51  #   割引債利回りの計算
52  P = Bond[:,0]
53  C = F * np.identity(Bond.shape[0]) \
54      + np.tril(np.transpose(np.tile(0.01 * Bond[:,2] * F, (Bond.shape[0],1))))
55  V = lin.solve(C, P)
56  ZeroRate = (np.power(1.0 / V, 1.0 / Bond[:,1]) - 1.0) * 100
```

まず Bond という 2 次元 NumPy 配列（要するに行列）に表 3.1 の数値を格納する．
額面 F は 100 である．利付債利回りの計算には先ほどの関数 Bond_Yield を使うが，
2 次元 NumPy 配列 Bond の各行に対して利付債利回りを計算するために for 文を使
用している．for idx in range(0, Bond.shape[0]) は，Bond の行のインデックス
idx を 0 から Bond の行数（.shape[0] は Numpy 配列の最初の次元の次数を返すメ
ソッドである）まで動かすという意味である．

　割引債利回りを計算している部分では，まず (3.32) 式のベクトル $\boldsymbol{P}$ を作成し，続
いて行列 $\boldsymbol{C}$ を作成している．$\boldsymbol{C}$ を作る作業では，これが

$$
\boldsymbol{C} = \begin{bmatrix} C_1 + F & 0 & \cdots & 0 \\ C_2 & C_2 + F & \cdots & 0 \\ \vdots & & \ddots & \vdots \\ C_N & C_N & \cdots & C_N + F \end{bmatrix}
$$

$$
= \begin{bmatrix} F & 0 & \cdots & 0 \\ 0 & F & \cdots & 0 \\ \vdots & & \ddots & \vdots \\ 0 & 0 & \cdots & F \end{bmatrix} + \begin{bmatrix} C_1 & 0 & \cdots & 0 \\ C_2 & C_2 & \cdots & 0 \\ \vdots & & \ddots & \vdots \\ C_N & C_N & \cdots & C_N \end{bmatrix}, \tag{3.33}
$$

と書き表されることを使っている. C_n $(n = 1, \ldots, N)$ は利付債 n の利子の金額である. (3.33) 式の右辺第 1 項は F を N 次元の単位行列に掛けたものである. NumPy において単位行列は関数 np.identity() で生成できるから, F * np.identity(Bond.shape[0]) とすることで Bond の行数 ((3.33) 式での N) を次元とする単位行列に額面 F を掛けた行列が得られる. 一方, (3.33) 式の右辺第 2 項は, 第 n 行のすべての要素が C_n に等しい

$$\begin{bmatrix} C_1 & C_1 & \cdots & C_1 \\ C_2 & C_2 & \cdots & C_2 \\ \vdots & & \ddots & \vdots \\ C_N & C_N & \cdots & C_N \end{bmatrix},$$

という行列の下三角部分を取り出すことで得られる. これを行っているのが

```
np.tril(np.transpose(np.tile(0.01 * Bond[:,2] * F,
                    (Bond.shape[0],1))))
```

である. まず np.tile(...) の部分で NumPy 配列 0.01 * Bond[:,2] * F（これが実は行ベクトルになっていることに注意しよう）を Bond.shape[0]×1 のタイル状に貼り合わせて

$$\begin{bmatrix} C_1 & C_2 & \cdots & C_N \\ C_1 & C_2 & \cdots & C_N \\ \vdots & & \ddots & \vdots \\ C_1 & C_2 & \cdots & C_N \end{bmatrix},$$

という行列を作っている. これを np.transpose() で転置して np.tril() で下三角部分を取り出すと求める行列が得られる. そして, V = lin.solve(C, P) で割引係数 V を求めている. ここで使用している関数 lin.solve() は線形連立方程式 $P = CV$ を解くための関数であり, Linalg モジュールを読み込むことで利用可能となる. 最後に 1 年複利の割引債利回りの公式を使って, 割引係数 V から割引債利回り ZeroRate を求めている. ここで np.power() は冪乗を計算する関数である.

3.4　数 学 補 論

3.4.1　利回り曲線のシフトに対する利付債のデュレーション

利回り y の変化に対する感応度はデュレーション (3.13) で評価できることは既に示した. しかし, 利付債価格の評価には利回り y を用いた (3.28) 式ではなく利回り曲線を使った (3.27) 式の方が便利であることも示した. このように利付債価格を利回り

曲線を用いて計算した場合, 利回りの変化ではなく利回り曲線のシフトに関する利付債価格の感応度が投資家の関心事となろう. この場合にも新たにデュレーションを定義することが可能である. それを以下で解説する.

利回り曲線 $s(t)$ がすべての残存期間 $0 < t \leqq T$ で同時に λ だけ変化したとすると, シフト後の新しい利回り曲線は $s(t) + \lambda$ である. そして, このシフト後の利回り曲線を使った割引係数を

$$V(t, \lambda) = \begin{cases} \dfrac{1}{\{1 + s(t) + \lambda\}^t}, & \text{(1 年複利),} \\ e^{-\{s(t)+\lambda\}t}, & \text{(連続複利),} \end{cases}$$

と表記しよう ($V(t, 0) = V(t)$ である). するとシフト後の利付債価格は

$$P(T, \lambda) = \sum_{t=1}^{T} V(t, \lambda) C(t),$$

で与えられる[*9]. シフト λ に対する利付債価格の変化率の $\lambda \to 0$ での極限をとると

$$\lim_{\lambda \to 0} \frac{P(T, \lambda) - P(T, 0)}{\lambda} = \left.\frac{dP(T, \lambda)}{d\lambda}\right|_{\lambda=0},$$

となるから, 微小な利回り曲線のシフトに対する利付債価格の感応度は

$$\left.\frac{1}{P(T, 0)} \frac{dP(T, \lambda)}{d\lambda}\right|_{\lambda=0} = \frac{1}{P(T, 0)} \sum_{t=1}^{N} \left.\frac{dV(t, \lambda)}{d\lambda}\right|_{\lambda=0} C(t),$$

で与えられる.

$$\frac{dV(t, \lambda)}{d\lambda} = \begin{cases} -\dfrac{t}{\{1 + s(t) + \lambda\}^{t+1}} = -\dfrac{tV(t, \lambda)}{1 + s(t) + \lambda}, & \text{(1 年複利),} \\ -te^{-\{s(t)+\lambda\}t} = -tV(t, \lambda), & \text{(連続複利),} \end{cases}$$

だから, 利付債価格の利回り曲線のシフトに関する感応度は,

$$\left.\frac{1}{P(T, 0)} \frac{dP(T, \lambda)}{d\lambda}\right|_{\lambda=0} = -\frac{1}{P} \sum_{t=1}^{T} \frac{tV(t)C(t)}{1 + s(t)} \equiv -\mathcal{D}_Q, \quad \text{(1 年複利),} \quad (3.34)$$

$$= -\frac{1}{P} \sum_{t=1}^{T} tV(t)C(t) \equiv -\mathcal{D}_{FW}, \quad \text{(連続複利),} \quad (3.35)$$

となる. (3.34) 式の $\mathcal{D}_Q$ は準修正デュレーションと呼ばれ, (3.35) 式の $\mathcal{D}_{FW}$ はフィッシャー–ワイル・デュレーションと呼ばれる.

[*9] $P(T, 0)$ は現時点における残存期間 T 年の利付債の市場価格 P に等しい.

3.4.2 イミュニゼーション

金融市場における利率変動リスクを回避する方法としてイミュニゼーションがある．イミュニゼーションには多くの応用例があるが，ここでは例として年金基金の運用における利率変動リスクのイミュニゼーションを考えよう．確定給付型年金は将来（例えば老後）一定の金額を給付し続けることを条件に加入者から資金を募る金融商品である．加入者から集めた資金は国債などに投資して運用される．ここで年金給付金のキャッシュフローを $\{a(1), \ldots, a(T)\}$ としよう．これは一定の金額であるから確定利付証券のキャッシュフローと見なせる．この「確定利付証券」としての年金の現在価値は割引債価格 $\{V(1), \ldots, V(T)\}$ を割引係数に使うと

$$A = \sum_{t=1}^{T} V(t)a(t), \tag{3.36}$$

として与えられる．ただし年金基金を運用する側から見ると年金は債権ではなく債務であるから A は負債額になることに注意しよう．以下では年金基金は集めた資金をすべて債券に投資すると仮定する．年金基金が投資している債券の市場価値を P とすると，年金基金のバランス・シートは

資産	負債
債券 P	年金 A

となる．利回り曲線が λ だけシフトすると A も P も共に変動する．利率の変動に伴い債務超過 $(P < A)$ とならないためには，少なくとも現在の利回り曲線 $(\lambda = 0)$ において A の変化率と P の変化率が一致していなければならない．

$$\frac{1}{P}\frac{dP}{d\lambda}\bigg|_{\lambda=0} = \frac{1}{A}\frac{dA}{d\lambda}\bigg|_{\lambda=0}. \tag{3.37}$$

(3.37) 式が成り立つように保有資産構成（ポートフォリオ）の選択を行うことがイミュニゼーションの一例である．

　P も A も利回り曲線で評価したキャッシュフローの現在価値の形で表されるからデュレーションを求めることができる．債券のデュレーションを $\mathcal{D}_P$，年金のデュレーションを $\mathcal{D}_A$ と表記する．デュレーションの定義より，

$$\mathcal{D}_P = -\frac{1}{P}\frac{dP}{d\lambda}\bigg|_{\lambda=0}, \quad \mathcal{D}_A = -\frac{1}{A}\frac{dA}{d\lambda}\bigg|_{\lambda=0},$$

となる．したがって小さいシフト λ に対しては

$$\mathcal{D}_P = \mathcal{D}_A, \tag{3.38}$$

とデュレーションを一致させておけば，利回り曲線のシフトがあっても $P = A$ は維

持される.

しかしながら都合よく年金とデュレーションが一致した債券が市場で売買されているとは限らない. そこで年金とデュレーションが一致する債券からなるポートフォリオを構築することでイミュニゼーションを行う. P_1 と P_2 という 2 つの債券を x_1, x_2 単位ずつ購入すると債券ポートフォリオの価値は $P = x_1 P_1 + x_2 P_2$ となる. P のデュレーションは以下のように与えられる.

$$
\begin{aligned}
\mathcal{D}_P &= -\left.\frac{1}{P}\frac{dP}{d\lambda}\right|_{\lambda=0} = -\left.\frac{1}{P}\frac{d}{d\lambda}(x_1 P_1 + x_2 P_2)\right|_{\lambda=0} \\
&= \frac{x_1 P_1}{P}\left(-\left.\frac{1}{P_1}\frac{dP_1}{d\lambda}\right|_{\lambda=0}\right) + \frac{x_2 P_2}{P}\left(-\left.\frac{1}{P_2}\frac{dP_2}{d\lambda}\right|_{\lambda=0}\right) \\
&= w\mathcal{D}_1 + (1-w)\mathcal{D}_2, \quad w = \frac{x_1 P_1}{P}.
\end{aligned}
\tag{3.39}
$$

これを債券市場で売買可能な債券が N 種類ある場合に拡張しよう. 債券 $n\,(=1,\ldots,N)$ に対する投資比率を w_n とした N 種類の債券からなるポートフォリオを考えると, 債券ポートフォリオ P のデュレーションはポートフォリオを構成する債券のデュレーション $\{\mathcal{D}_1,\ldots,\mathcal{D}_N\}$ の加重平均

$$
\mathcal{D}_P = \sum_{n=1}^{N} w_n \mathcal{D}_n, \quad \sum_{n=1}^{N} w_n = 1,
\tag{3.40}
$$

に等しい. (3.40) の関係はどのデュレーションの定義に対しても成り立つ. うまく $\{w_1,\ldots,w_N\}$ を選んでやれば, 債券ポートフォリオのデュレーション $\mathcal{D}_P$ が年金のデュレーション $\mathcal{D}_A$ と一致するようになる. 特に $N=2$ の例で $\mathcal{D}_2 < \mathcal{D}_A < \mathcal{D}_1$ と仮定するとイミュニゼーションは

$$
w\mathcal{D}_1 + (1-w)\mathcal{D}_2 = \mathcal{D}_A \;\Rightarrow\; w = \frac{\mathcal{D}_A - \mathcal{D}_2}{\mathcal{D}_1 - \mathcal{D}_2},\; 1-w = \frac{\mathcal{D}_1 - \mathcal{D}_A}{\mathcal{D}_1 - \mathcal{D}_2},
$$

という投資比率で実現される.

さらに議論を進めると債券ポートフォリオに対してもコンベクシティを考えることができる. 債券 n のコンベクシティを $\mathcal{C}_n$ とすると, 債券ポートフォリオのコンベクシティは, ポートフォリオを構成する債券のコンベクシティ $\{\mathcal{C}_1,\ldots,\mathcal{C}_N\}$ の加重平均

$$
\mathcal{C}_P = \sum_{n=1}^{N} w_n \mathcal{C}_n,
\tag{3.41}
$$

に等しいことが知られている. 本文でのコンベクシティの性質に関する考察より, デュレーションが同じであればコンベクシティが高い方が利率変動に対して有利な債券であるといえた. そこでイミュニゼーションのための条件式 (3.38) を満たしつつ, (3.41) 式の $\mathcal{C}_P$ が最も大きくなるように投資比率 $\{w_1,\ldots,w_N\}$ を決めると有利な運用ができそうである. この発想に基づく債券ポートフォリオのコンベクシティ最大化問題は

$$\max_{w_1,\dots,w_N} \quad \mathcal{C}_P = \sum_{n=1}^{N} w_n \mathcal{C}_n$$

$$\text{s.t.} \quad \sum_{n=1}^{N} w_n \mathcal{D}_n = \mathcal{D}_A, \quad \sum_{n=1}^{N} w_n = 1, \tag{3.42}$$

$$w_1 \geqq 0, \ \dots, \ w_N \geqq 0,$$

として定式化される. ここでは (3.42) 式の最大化問題に深入りすることはしない. ファイナンスにおける最適化問題の解説は次章以降で行う.

4 平均分散アプローチによるポートフォリオ選択

平均分散アプローチは，Markowitz (1952) によって提案された資産運用における個別資産への投資配分を決定するための手法である．これは現代ポートフォリオ理論の先駆けとなったばかりでなく，21 世紀に入った今日に至るまで資産運用の理論体系の礎となってきた．本章では，平均分散アプローチによるポートフォリオ選択理論を解説すると共に Python による演習を行う．

4.1　平均分散アプローチによる資産運用

本章の表題である「ポートフォリオ」は，ファイナンスの世界において投資家が保有する資産の種類と数量の組み合わせを意味する．個人投資家であれ，機関投資家であれ，世の投資家は手持ちの資金を使って市場で取引されている資産を購入し，少しでも高い利益を得ようとするものである．したがって，投資家にとっての「最も望ましい」ポートフォリオ（最適ポートフォリオ）とは何らかの規準に照らし合わせて「最も得する」資産保有の仕方であるといえる．しかし，何をもって「最も望ましい」ポートフォリオとすべきなのだろうか．また，どのようにすれば具体的に「最も望ましい」ポートフォリオを見つけることができるのだろうか．これらの疑問に答える準備として，まず投資家が行う資産運用を数式を使って表現することを考える．そして，「最も望ましい」ポートフォリオを選択する手法としての平均分散アプローチを導入する．

投資家が資産運用を開始する時点を 0 とし，終了する時点を 1 としよう．ここで投資家は一定期間だけ資産を保有し，最終的には手持ちの資産を売却することで利益を確定し資産運用を終了すると仮定する．この場合の「一定期間」は 1 年でも 5 年でも 10 年でも構わない．ただ運用期間の途中で投資家は資産の売却や購入を一切行わないという強い仮定をおく．こうすることで最適ポートフォリオ選択の問題が扱いやすくなる．時点 0 での投資家の手持ち資金を $W(0)$ とし，投資家は $W(0)$ を N 個の資産に分散して投資する（つまり資産を購入する）ことで資産運用を開始するとしよう．時点 0 における資産 n の市場価格を $X_n(0)$ $(n = 1, \ldots, N)$ とし，時点 1 における資産 n の市場価格を $X_n(1)$ とする．さらに資産 n を保有することで時点 1 までに受け

取ることができる配当や利子の金額を d_n としよう．すると，運用期間における資産 n の収益率は

$$R_n = \frac{X_n(1) + d_n - X_n(0)}{X_n(0)}, \quad (n = 1, \ldots, N), \tag{4.1}$$

と定義される．

　現実の問題として，投資家が運用計画を立てる段階において将来の資産の市場価格 $X_n(1)$ や得られる配当や利子の金額 d_n は不確実である．そのため資産の収益率 R_n も不確実なものとなる．これは R_n が確率変数であることを意味する．そこで R_n の平均と分散がそれぞれ $\mathrm{E}[R_n] = \mu_n$，$\mathrm{Var}[R_n] = \sigma_n^2$ であると仮定しよう．特に μ_n は資産 n の期待収益率と呼ばれる．さらに収益率の間の共分散を $\mathrm{Cov}[R_n, R_m] = \sigma_{nm}$ $(n, m = 1, \ldots, n)$ とする．ここで収益率のベクトルを $\boldsymbol{R} = [R_1; \ldots; R_N]$ と定義すると，$\boldsymbol{R}$ の平均ベクトルと分散共分散行列は

$$\boldsymbol{\mu} = \begin{bmatrix} \mu_1 \\ \vdots \\ \mu_N \end{bmatrix}, \quad \boldsymbol{\Sigma} = \begin{bmatrix} \sigma_1^2 & \cdots & \sigma_{1N} \\ \vdots & \ddots & \vdots \\ \sigma_{N1} & \cdots & \sigma_N^2 \end{bmatrix}, \tag{4.2}$$

となる．当面，投資家は $\boldsymbol{\mu}$ と $\boldsymbol{\Sigma}$ の値をすべて知っていると仮定して議論を進める．

　次にポートフォリオの収益率がポートフォリオを構成する個別資産の収益率とどのような関係を持っているかを示そう．資産 n の購入単位数を a_n とすると，時点 0 におけるポートフォリオの価値 $W(0)$ と時点 1 におけるポートフォリオの価値 $W(1)$ は，それぞれ

$$W(0) = \sum_{n=1}^N a_n X_n(0), \quad W(1) = \sum_{n=1}^N a_n(X_n(1) + d_n),$$

として与えられる．よって，運用期間におけるポートフォリオの収益率 $R_{\mathcal{P}}$ は，運用期間内でのポートフォリオの価値の変化率

$$R_{\mathcal{P}} = \frac{W(1) - W(0)}{W(0)} = \frac{\sum_{n=1}^N a_n(X_n(1) + d_n - X_n(0))}{W(0)}$$

$$= \sum_{n=1}^N \frac{a_n X_n(0)}{W(0)} R_n, \tag{4.3}$$

として定義される．ここで

$$w_n = \frac{a_n X_n(0)}{W(0)}, \quad (n = 1, \ldots, N), \tag{4.4}$$

と定義すると，w_n は資産 n への投資比率となっていることがわかる．定義より $\sum_{n=1}^N w_n = 1$ が成り立つことは自明である．投資比率のベクトルを $\boldsymbol{w} =$

$[w_1; \ldots; w_N]$ と定義すると[*1)]，最終的にポートフォリオの収益率 $R_{\mathcal{P}}$ は

$$R_{\mathcal{P}} = \sum_{n=1}^{N} w_n R_n = \boldsymbol{w}' \boldsymbol{R}, \tag{4.5}$$

と表される．つまり，ポートフォリオの収益率 $R_{\mathcal{P}}$ は，投資比率 $w_1, \ldots, w_N$ をウェイトとした個別資産の収益率 $R_1, \ldots, R_N$ の加重平均となっている．$W(0)$ と $X_n(0)$ は所与だから，投資比率 w_n を決定すれば (4.4) 式より

$$a_n = \frac{w_n W(0)}{X_n(0)},$$

として自動的に a_n が決定されることがわかる．よって，投資家にとって「最も望ましい」ポートフォリオの選択は，結局のところ「最も望ましい」投資比率 $\boldsymbol{w}$ の選択に帰着される．

ところで，個別資産の収益率 $R_1, \ldots, R_N$ は時点 0 において投資計画を立案する段階では値の不確実な確率変数であり，その平均，分散，共分散は (4.2) 式のように与えられると仮定した．ポートフォリオ全体の収益率 $R_{\mathcal{P}}$ は $R_1, \ldots, R_N$ の加重平均であるから，結果として $R_{\mathcal{P}}$ もまた確率変数となる．このとき (4.2) 式の $\boldsymbol{\mu}$ と $\boldsymbol{\Sigma}$ を使うと，$R_{\mathcal{P}}$ の平均（ポートフォリオの期待収益率）と分散は，

$$\mathrm{E}[R_{\mathcal{P}}] = \sum_{n=1}^{N} w_n \mu_n = \boldsymbol{w}' \boldsymbol{\mu} = \mu_{\mathcal{P}}, \tag{4.6}$$

$$\mathrm{Var}[R_{\mathcal{P}}] = \sum_{n=1}^{N} \sum_{m=1}^{N} w_n w_m \sigma_{nm} = \boldsymbol{w}' \boldsymbol{\Sigma} \boldsymbol{w} = \sigma_{\mathcal{P}}^2, \tag{4.7}$$

で与えられる．以上で平均分散アプローチの説明に入る準備が完了した．

平均分散アプローチは，その名前が示唆するようにポートフォリオの収益率の平均と分散にだけ着目して最適なポートフォリオを選択する手法である．ポートフォリオの収益率の平均は (4.6) 式の期待収益率 $\mu_{\mathcal{P}}$ である．この $\mu_{\mathcal{P}}$ が高い値をとると，そのポートフォリオは平均して高い収益率を達成できると期待される．したがって直感的には高い $\mu_{\mathcal{P}}$ を達成できるような投資比率 $\boldsymbol{w}$ を見つけてくれば投資家にとって「最も望ましい」ポートフォリオになりそうである．しかし，$\mu_{\mathcal{P}}$ はあくまでもポートフォリオの収益率の「平均的水準」に過ぎない．現実には $\mu_{\mathcal{P}}$ よりも収益率が上振れすることもあれば下振れするときもある．この収益率の「振れ具合」の程度を表しているのが，(4.7) 式の分散 $\sigma_{\mathcal{P}}^2$ である．たとえ同じ期待収益率を達成できるポートフォリオであっても，この「振れ具合」の大きい方を選択すると，期待以上の収益率を達成でき

[*1)] 本書では，$[x_1; \ldots; x_N]$ のようにセミコロン"；"で要素を区切ったベクトルを列ベクトルとする．

ることもあれば，逆に期待を大きく裏切る結果になってしまうかもしれない．投資家としては運用期間における収益率の振れの少ないポートフォリオを選択した方が手堅い資産運用ができるだろう．つまり，リスクを嫌う（リスク回避的な）投資家にとって，収益率の「振れ具合」の程度である分散は資産運用に伴うリスクの源泉となっており，これが最も小さくなるときに「最も望ましい」ポートフォリオになるといえよう．しかし，「二兎を追う者は一兎も得ず」という諺にもあるように，期待収益率を高めつつ分散を最小にするにも限界がある．リターン（期待収益率）を確保しつつリスク（分散）を極力抑え，リターンとリスクのバランスが取れた最適なポートフォリオを組むことを目指すのが平均分散アプローチである．

平均分散アプローチにおいて，投資家は運用期間中に達成したい期待収益率 $\mu_{\mathcal{P}}$ の目標水準を設定し，その目標を達成できる範囲で可能な限り収益率の分散 $\sigma_{\mathcal{P}}^2$ を小さく抑えるように投資比率を選択することになる．これを数式に落とし込むと，以下の分散最小化問題を解くことに繋がる．

$$\min_{\boldsymbol{w}} \quad \mathrm{Var}[R_{\mathcal{P}}] = \boldsymbol{w}'\boldsymbol{\Sigma}\boldsymbol{w},$$
$$\text{s.t.} \quad \boldsymbol{w}'\boldsymbol{\mu} = \mu_{\mathcal{P}}, \quad \boldsymbol{w}'\boldsymbol{\iota} = 1. \tag{4.8}$$

ここで $\boldsymbol{\iota}$ はすべての要素が 1 である N 次元の列ベクトル，つまり $\boldsymbol{\iota} = [1; \cdots ; 1]$ である．(4.8) 式の中の "$\min_{\boldsymbol{w}}$" は，$\boldsymbol{w}$ を動かして右にある $\boldsymbol{w}$ の関数（ここでは $\boldsymbol{w}'\boldsymbol{\Sigma}\boldsymbol{w}$）を最小にすることを意味している．$\boldsymbol{w}'\boldsymbol{\Sigma}\boldsymbol{w}$ は (4.7) 式で定義されているようにポートフォリオの収益率の分散である．このように最小にすべき関数を**目的関数**と呼ぶ．(4.8) 式の次の行の "s.t." は "subject to" の意味であり，$\boldsymbol{w}$ に関する制約条件を表している．この行の最初の式 $\boldsymbol{w}'\boldsymbol{\mu} = \mu_{\mathcal{P}}$ は，(4.6) 式のポートフォリオの期待収益率の定義を指しているのではなく，ポートフォリオの期待収益率 $\boldsymbol{w}'\boldsymbol{\mu}$ を $\mu_{\mathcal{P}}$ という目標水準に設定することを意味している．以下では特に断らない限り $\mu_{\mathcal{P}}$ をポートフォリオの目標期待収益率として使用する．同じ行の次の式 $\boldsymbol{w}'\boldsymbol{\iota} = 1$ は，投資比率の総和 $\sum_{n=1}^{N} w_n$ が必ず 1 に等しくなるという性質を制約条件として取り込んだものである．(4.8) 式は二次計画問題と呼ばれる数理計画問題の一例である．

(4.8) 式の分散最小化問題の解を $\boldsymbol{w}_{\mathcal{P}}$ とすると，これは

$$\boldsymbol{w}_{\mathcal{P}} = \frac{C\mu_{\mathcal{P}} - A}{D} \boldsymbol{\Sigma}^{-1}\boldsymbol{\mu} + \frac{B - A\mu_{\mathcal{P}}}{D} \boldsymbol{\Sigma}^{-1}\boldsymbol{\iota}, \tag{4.9}$$

として与えられることが知られている（この導出は章末の数学補論を参照のこと）．ここで $A = \boldsymbol{\mu}'\boldsymbol{\Sigma}^{-1}\boldsymbol{\iota}$, $B = \boldsymbol{\mu}'\boldsymbol{\Sigma}^{-1}\boldsymbol{\mu}$, $C = \boldsymbol{\iota}'\boldsymbol{\Sigma}^{-1}\boldsymbol{\iota}$, $D = BC - A^2$ である．そして，(4.9) 式の $\boldsymbol{w}_{\mathcal{P}}$ によって作られる構築されたポートフォリオを**最小分散ポートフォリオ**という．ポートフォリオの収益率の分散が投資比率の関数であり，その投資比率が最小分散ポートフォリオでは目標期待収益率 $\mu_{\mathcal{P}}$ の関数となっていることから，最小

分散ポートフォリオの収益率の分散（以下では $\sigma_{\mathcal{P}}^2$ を分散最小化問題 (4.8) での最小分散とする）は目標期待収益率 $\mu_{\mathcal{P}}$ の関数となる．この $\mu_{\mathcal{P}}$ の関数としての最小分散 $\sigma_{\mathcal{P}}^2$ は

$$\sigma_{\mathcal{P}}^2 = \frac{C}{D}\left(\mu_{\mathcal{P}} - \frac{A}{C}\right)^2 + \frac{1}{C}, \tag{4.10}$$

として与えられる（この導出も章末の数学補論を参照のこと）．(4.10) 式で与えられる曲線を最小分散フロンティアと呼ぶ．(4.10) 式において，$\sigma_{\mathcal{P}}^2$ は $\mu_{\mathcal{P}} = A/C$ で大域的最小値をとり，$\sigma_{\mathcal{P}}^2 = 1/C$ となる．(4.9) 式より，$\mu_{\mathcal{P}} = A/C$ に対応する分散最小化投資比率 $\boldsymbol{w}_{\mathcal{G}}$ は

$$\boldsymbol{w}_{\mathcal{G}} = \frac{1}{C}\boldsymbol{\Sigma}^{-1}\boldsymbol{\iota} = \frac{1}{\boldsymbol{\iota}'\boldsymbol{\Sigma}^{-1}\boldsymbol{\iota}}\boldsymbol{\Sigma}^{-1}\boldsymbol{\iota}, \tag{4.11}$$

である．この投資比率によって作られるポートフォリオを大域的最小分散ポートフォリオと呼ぶ．

　見方を変えると，(4.10) 式の最小分散フロンティアとは，目標期待収益率 $\mu_{\mathcal{P}}$ を少しずつ変えながら (4.8) 式の分散最小化問題を解いて対応する最小分散 $\sigma_{\mathcal{P}}^2$ を求め，$(\mu_{\mathcal{P}}, \sigma_{\mathcal{P}}^2)$ の組み合わせをグラフに描いたものといえる．最小分散フロンティアのグラフを描く際には，$\mu_{\mathcal{P}}$ を縦軸に，$\sigma_{\mathcal{P}}$ を横軸にとるのが慣例となっている．この慣例に従い (4.10) 式を $\mu_{\mathcal{P}}$ と $\sigma_{\mathcal{P}}$ の関係式として書き直すと，最小分散フロンティアは

$$\mu_{\mathcal{P}} = \begin{cases} (A + \sqrt{D(C\sigma_{\mathcal{P}}^2 - 1)})/C, & (\mu_{\mathcal{P}} \geqq A/C), \\ (A - \sqrt{D(C\sigma_{\mathcal{P}}^2 - 1)})/C, & (\mu_{\mathcal{P}} < A/C), \end{cases} \tag{4.12}$$

として与えられる．(4.12) 式の $\mu_{\mathcal{P}} < A/C$ の部分は $\mu_{\mathcal{P}} \geqq A/C$ の部分の下にあるので，同じ $\sigma_{\mathcal{P}}$ に対して必ず低い期待収益率 $\mu_{\mathcal{P}}$ しか得られない．したがって，投資家がリスク回避的であれば最小分散フロンティア (4.12) 式の $\mu_{\mathcal{P}} < A/C$ の部分に対応する最小分散ポートフォリオは選択しないことになる．リスク回避的な投資家によって選択されうる最小分散フロンティア (4.12) 式の $\mu_{\mathcal{P}} \geqq A/C$ の部分を効率的フロンティアと呼ぶ．投資家にとって効率的フロンティアはポートフォリオの「メニュー」のようなものであり，この「メニュー」の中から自分の好みにあったリターン $\mu_{\mathcal{P}}$ とリスク $\sigma_{\mathcal{P}}$ のセットを選ぶことになる．これが平均分散アプローチによる最適ポートフォリオ選択である．

　それでは Python を使って最小分散ポートフォリオの投資比率の計算と最小分散フロンティアのグラフを作成する演習を行おう．本演習では，表 4.1 に与えられている仮想的な 5 資産の期待収益率，収益率の標準偏差および相関係数を使う．資産 n と資産 m の収益率の間の相関係数 ρ_{nm} は

$$\rho_{nm} = \frac{\sigma_{nm}^2}{\sigma_n \sigma_m},$$

と定義されるので，$\sigma_{nm}^2 = \rho_{nm}\sigma_n\sigma_m$ を計算することで共分散が求まる．

表 4.1　最適ポートフォリオ選択のための基本統計量

資産	1	2	3	4	5
期待収益率	1.0	3.0	1.5	6.0	4.5
標準偏差	5.0	10.0	7.5	15.0	11.0
相関係数行列					
資産	1	2	3	4	5
1	1.00	0.25	0.18	0.10	0.25
2	0.25	1.00	0.36	0.20	0.20
3	0.18	0.36	1.00	0.25	0.36
4	0.10	0.20	0.25	1.00	0.45
5	0.25	0.20	0.36	0.45	1.00

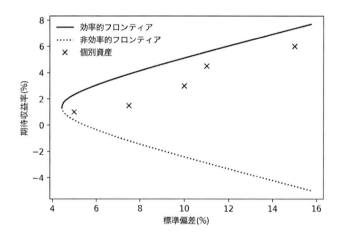

図 4.1　最小分散フロンティア

▶　最小分散フロンティアの計算と作図

コード 4.1　pyfin_mvf_example1.py

```
1  # -*- coding: utf-8 -*-
2  #   NumPy の読み込み
3  import numpy as np
4  #   NumPy の Linalg モジュールの読み込み
5  import numpy.linalg as lin
6  #   Matplotlib の Pyplot モジュールの読み込み
7  import matplotlib.pyplot as plt
8  #   日本語フォントの設定
9  from matplotlib.font_manager import FontProperties
10 import sys
11 if sys.platform.startswith('win'):
12     FontPath = 'C:\Windows\Fonts\meiryo.ttc'
```

```
13  elif sys.platform.startswith('darwin'):
14      FontPath = '/System/Library/Fonts/ヒラギノ角ゴシック W4.ttc'
15  elif sys.platform.startswith('linux'):
16      FontPath = '/usr/share/fonts/truetype/takao-gothic/TakaoExGothic.ttf'
17  jpfont = FontProperties(fname=FontPath)
18  #%% 最小分散ポートフォリオの計算
19  Mu = np.array([1.0, 3.0, 1.5, 6.0, 4.5])
20  Stdev = np.array([5.0, 10.0, 7.5, 15.0, 11.0])
21  CorrMatrix = np.array([[1.00, 0.25, 0.18, 0.10, 0.25],
22                         [0.25, 1.00, 0.36, 0.20, 0.20],
23                         [0.18, 0.36, 1.00, 0.25, 0.36],
24                         [0.10, 0.20, 0.25, 1.00, 0.45],
25                         [0.25, 0.20, 0.36, 0.45, 1.00]])
26  Sigma = np.diag(Stdev).dot(CorrMatrix).dot(np.diag(Stdev))
27  iota = np.ones(Mu.shape)
28  inv_Sigma = lin.inv(Sigma)
29  A = Mu.dot(inv_Sigma).dot(iota)
30  B = Mu.dot(inv_Sigma).dot(Mu)
31  C = iota.dot(inv_Sigma).dot(iota)
32  D = B*C - A**2
33  V_Target = np.linspace(Mu.min(), Mu.max(), num=5)
34  V_Risk = np.zeros(V_Target.shape)
35  V_Weight = np.zeros((V_Target.shape[0],Mu.shape[0]))
36  for idx, Target_Return in enumerate(V_Target):
37      V_Weight[idx,:] = (C*Target_Return - A)/D*lin.solve(Sigma, Mu) \
38                        + (B-A*Target_Return)/D*lin.solve(Sigma, iota)
39      V_Risk[idx] = (C/D)*(Target_Return - A/C)**2 + 1.0/C
40  #%% 最小分散フロンティアの作図
41  sigma_gmv = 1.0/np.sqrt(C)
42  sigma_p = np.linspace(sigma_gmv, 1.05*np.max(Stdev), num=250)
43  mu_p_efficient = (A + np.sqrt(np.abs(C*sigma_p**2 - 1.0)*D))/C
44  mu_p_inefficient = (A - np.sqrt(np.abs(C*sigma_p**2 - 1.0)*D))/C
45  fig1 = plt.figure(1, facecolor='w')
46  plt.plot(sigma_p, mu_p_efficient, 'k-')
47  plt.plot(sigma_p, mu_p_inefficient, 'k:')
48  plt.plot(np.sqrt(np.diagonal(Sigma)), Mu, 'kx')
49  plt.legend([u'効率的フロンティア', u'非効率的フロンティア', u'個別資産'],
50             loc='best', frameon=False, prop=jpfont)
51  plt.xlabel(u'標準偏差 (%)', fontproperties=jpfont)
52  plt.ylabel(u'期待収益率 (%)', fontproperties=jpfont)
53  plt.show()
```

Python コード 4.1 を実行すると,図 4.1 が描画される.この図で "×" で示され

ているのが，表 4.1 に与えられた 5 資産の期待収益率と収益率の標準偏差をプロット
したものである．図中に実線で描かれている曲線は効率的フロンティア（(4.12) 式の
$\mu_\mathcal{P} \geqq A/C$ の部分）であり，点線で描かれている曲線は効率的ではない最小分散フロ
ンティア（(4.12) 式の $\mu_\mathcal{P} < A/C$ の部分）である．

　それではコードの 1 行 1 行でどのような処理を行っているか詳しく見ていこう．既
に説明したように最初の方の行では処理に必要なパッケージやモジュールの読み込み
を行っているだけなので説明を割愛する．

```
19  Mu = np.array([1.0, 3.0, 1.5, 6.0, 4.5])
20  Stdev = np.array([5.0, 10.0, 7.5, 15.0, 11.0])
21  CorrMatrix = np.array([[1.00, 0.25, 0.18, 0.10, 0.25],
22                         [0.25, 1.00, 0.36, 0.20, 0.20],
23                         [0.18, 0.36, 1.00, 0.25, 0.36],
24                         [0.10, 0.20, 0.25, 1.00, 0.45],
25                         [0.25, 0.20, 0.36, 0.45, 1.00]])
26  Sigma = np.diag(Stdev).dot(CorrMatrix).dot(np.diag(Stdev))
```

　第 19~26 行では表 4.1 の期待収益率，収益率の標準偏差，相関係数行列をそれぞれ
Mu, Stdev, CorrMatrix という NumPy 配列に格納し，最後に分散共分散行列 Sigma
を作成している．ここで np.diag(Stdev) は Stdev を対角要素に持つ対角行列を作
る関数であり，これに続く.dot() は行列同士の掛け算を行うメソッドである．

```
27  iota = np.ones(Mu.shape)
28  inv_Sigma = lin.inv(Sigma)
29  A = Mu.dot(inv_Sigma).dot(iota)
30  B = Mu.dot(inv_Sigma).dot(Mu)
31  C = iota.dot(inv_Sigma).dot(iota)
32  D = B*C - A**2
```

　次に最小分散ポートフォリオ (4.9) 式を求めるために必要な $A = \boldsymbol{\mu}'\boldsymbol{\Sigma}^{-1}\boldsymbol{\iota}$, $B = \boldsymbol{\mu}'\boldsymbol{\Sigma}^{-1}\boldsymbol{\mu}$, $C = \boldsymbol{\iota}'\boldsymbol{\Sigma}^{-1}\boldsymbol{\iota}$, $D = BC - A^2$ を計算する．

　まず iota = np.ones(Mu.shape) で Mu と同じ大きさの 1 のみを要素に持つ NumPy
配列 iota を生成している．ここで.shape は NumPy 配列の行と列の数をタプルと
して返すメソッドである．続いて分散共分散行列 Sigma の逆行列 inv_Sigma を関数
lin.inv() で求めている．後は定義に従い，A, B, C, D を計算するだけである．

```
33  V_Target = np.linspace(Mu.min(), Mu.max(), num=5)
34  V_Risk = np.zeros(V_Target.shape)
35  V_Weight = np.zeros((V_Target.shape[0],Mu.shape[0]))
```

```
36  for idx, Target_Return in enumerate(V_Target):
37      V_Weight[idx,:] = (C*Target_Return - A)/D*lin.solve(Sigma, Mu) \
38                       + (B-A*Target_Return)/D*lin.solve(Sigma, iota)
39      V_Risk[idx] = (C/D)*(Target_Return - A/C)**2 + 1.0/C
```

続く数行では最小分散ポートフォリオの投資比率を計算している．最初の行の
`np.linspace(Mu.min(), Mu.max(), num=5)` は，Mu の最小値（`.min()` は最小値
を返すメソッド）と Mu の最大値（`.max()` は最大値を返すメソッド）の間を等
分してグリッド（`num=5` はグリッドの点の数を指定するオプション）を作成する
関数である．これで作成したグリッドを NumPy 配列 V_Target に格納し，さ
らに `V_Risk = np.zeros(T_Target.shape)` によって V_Target と同じサイズの
NumPy 配列 V_Risk を，リスクを格納する場所（`np.zeros()` はゼロのみを要素に
持つ NumPy 配列を作成する関数）として作成している．同じように `V_Weight =
np.zeros((V_Target.shape[0],Mu.shape[0]))` では，V_Target の要素数を行の数
に，Mu の要素数を列の数にとった NumPy 配列 V_Weight を作成している．この各
行に最小分散ポートフォリオの投資比率が格納される．最後の for ループでは，関数
`enumerate()` を使って，V_Target の中の目標期待収益率の値 Target_Return とそ
のインデックス idx を逐次取り出し，この目標期待収益率に対応する最小分散ポート
フォリオの投資比率と最小化された分散を計算し，先に作成しておいた V_Weight と
V_Risk に格納している．ちなみに作成した V_Target，V_Risk の平方根，V_Weight
を ipython のターミナルに出力してみると以下のようになる．

```
In [2]: V_Target
Out[2]: array([ 1.  ,  2.25,  3.5 ,  4.75,  6.  ])

In [3]: np.sqrt(V_Risk)
Out[3]: array([  4.51779105,   4.9351273 ,   6.781143  ,   9.23556673,
    11.92857321])

In [4]: V_Weight
Out[4]:
array([[ 0.7637103 ,  0.00472626,  0.27393586,  0.00125535, -0.04362778],
       [ 0.52524494,  0.12451024,  0.1270893 ,  0.10426038,  0.11889514],
       [ 0.28677959,  0.24429421, -0.01975726,  0.2072654 ,  0.28141806],
       [ 0.04831423,  0.36407818, -0.16660382,  0.31027042,  0.44394098],
       [-0.19015112,  0.48386216, -0.31345038,  0.41327544,  0.6064639 ]])
```

上記の結果より，目標期待収益率を 1.0% に設定して (4.8) 式の分散最小化問題を解く
と，標準偏差は 4.5% 程度まで下がったことがわかる．表 4.1 において資産 1 は期待

収益率が 1.0% で収益率の標準偏差が 5.0% であったから，資産 1 を単独で保有するよりも目標期待収益率 1.0% の最小分散ポートフォリオを保有した方がリスクを小さくできるのである．同じことは目標期待収益率を 6.0% に設定した場合にもいえる．表 4.1 で資産 6 は収益率の標準偏差が 11.0% であるが，目標期待収益率 6.0% の最小分散ポートフォリオでは標準偏差は 9.2% 程度にまで低下している．

```
41  sigma_gmv = 1.0/np.sqrt(C)
42  sigma_p = np.linspace(sigma_gmv, 1.05*np.max(Stdev), num=250)
43  mu_p_efficient = (A + np.sqrt(np.abs(C*sigma_p**2 - 1.0)*D))/C
44  mu_p_inefficient = (A - np.sqrt(np.abs(C*sigma_p**2 - 1.0)*D))/C
45  fig1 = plt.figure(1, facecolor='w')
46  plt.plot(sigma_p, mu_p_efficient, 'k-')
47  plt.plot(sigma_p, mu_p_inefficient, 'k:')
48  plt.plot(np.sqrt(np.diagonal(Sigma)), Mu, 'kx')
49  plt.legend([u'効率的フロンティア', u'非効率的フロンティア', u'個別資産'],
50           loc='best', frameon=False, prop=jpfont)
51  plt.xlabel(u'標準偏差 (%)', fontproperties=jpfont)
52  plt.ylabel(u'期待収益率 (%)', fontproperties=jpfont)
53  plt.show()
```

コードの最後の部分では図 4.1 の作成を行っている．`sigma_gmv=1.0/np.sqrt(C)` は大域的最小分散ポートフォリオの標準偏差であり，図 4.1 の中の曲線の左端の点に対応している．次の行では，その点とポートフォリオ構成資産の中で収益率の標準偏差が最も高い資産（表 4.1 では資産 4）の 5% 増しの標準偏差の間で等間隔のグリッドを関数 `np.linspace()` で生成して `sigma_p` に格納している．残りの行では，基本的に `matplotlib` の作図機能を使って図 4.1 を作成しているだけである．

4.2　空売り制約の下での分散最小化問題

分散最小化問題 (4.8) では，投資比率が負の値になることを許容している．前節の数値例において目標期待収益率を 1.0%，3.5%，6.0% に設定した際に一部の資産の投資比率が負となっていた．負の投資比率は資産を空売りしていることを意味する．しかし，投資家は空売りができないという制約の下で運用をしなければならないことも多々ある．そこで，(4.8) 式の分散最小化問題に空売り制約を導入しよう．

$$\min_{\boldsymbol{w}} \quad \mathrm{Var}[R_{\mathcal{P}}] = \boldsymbol{w}'\boldsymbol{\Sigma}\boldsymbol{w},$$
$$\text{s.t.} \quad \boldsymbol{w}'\boldsymbol{\mu} = \mu_{\mathcal{P}}, \quad \boldsymbol{w}'\boldsymbol{\iota} = 1, \tag{4.13}$$
$$w_1 \geqq 0, \ \cdots, \ w_N \geqq 0.$$

(4.13) 式は新たに $w_1 \geqq 0, \cdots, w_N \geqq 0$ という不等号制約を導入している．これが空売り制約である．(4.8) 式の分散最小化問題と異なり，(4.13) 式の問題には (4.9) 式のような投資比率の解析解は存在しない．したがって，数値的に二次計画問題を解くことで最適投資比率を求めなければならない．

▶ 空売り制約の有無が最小分散フロンティアに与える影響

コード **4.2** pyfin_mvf_example2.py

```python
# -*- coding: utf-8 -*-
#   NumPyの読み込み
import numpy as np
#   NumPyのLinalgモジュールの読み込み
import numpy.linalg as lin
#   CVXPYの読み込み
import cvxpy as cvx
#   MatplotlibのPyplotモジュールの読み込み
import matplotlib.pyplot as plt
#   日本語フォントの設定
from matplotlib.font_manager import FontProperties
import sys
if sys.platform.startswith('win'):
    FontPath = 'C:\Windows\Fonts\meiryo.ttc'
elif sys.platform.startswith('darwin'):
    FontPath = '/System/Library/Fonts/ヒラギノ角ゴシック W4.ttc'
elif sys.platform.startswith('linux'):
    FontPath = '/usr/share/fonts/truetype/takao-gothic/TakaoExGothic.ttf'
jpfont = FontProperties(fname=FontPath)
#%% 最小分散ポートフォリオの計算
Mu = np.array([1.0, 3.0, 1.5, 6.0, 4.5])
Stdev = np.array([5.0, 10.0, 7.5, 15.0, 11.0])
CorrMatrix = np.array([[1.00, 0.25, 0.18, 0.10, 0.25],
                       [0.25, 1.00, 0.36, 0.20, 0.20],
                       [0.18, 0.36, 1.00, 0.25, 0.36],
                       [0.10, 0.20, 0.25, 1.00, 0.45],
                       [0.25, 0.20, 0.36, 0.45, 1.00]])
Sigma = np.diag(Stdev).dot(CorrMatrix).dot(np.diag(Stdev))
iota = np.ones(Mu.shape)
inv_Sigma = lin.inv(Sigma)
A = Mu.dot(inv_Sigma).dot(iota)
B = Mu.dot(inv_Sigma).dot(Mu)
C = iota.dot(inv_Sigma).dot(iota)
D = B*C - A**2
#%% 空売り制約の下での分散最小化問題の設定
Weight = cvx.Variable(Mu.shape[0])
```

```
37  Target_Return = cvx.Parameter(sign='positive')
38  Risk_Variance = cvx.quad_form(Weight, Sigma)
39  Opt_Portfolio = cvx.Problem(cvx.Minimize(Risk_Variance),
40                             [Weight.T*Mu == Target_Return,
41                              cvx.sum_entries(Weight) == 1.0,
42                              Weight >= 0.0])
43  #%% 空売り制約の下での最小分散フロンティアの計算
44  V_Target = np.linspace(Mu.min(), Mu.max(), num=250)
45  V_Risk = np.zeros(V_Target.shape)
46  V_Weight = np.zeros((V_Target.shape[0],Mu.shape[0]))
47  for idx, Target_Return.value in enumerate(V_Target):
48      Opt_Portfolio.solve()
49      V_Weight[idx,:] = Weight.value.T
50      V_Risk[idx] = np.sqrt(Risk_Variance.value)
51  #%% 最小分散フロンティアの作図
52  sigma_gmv = 1.0/np.sqrt(C)
53  sigma_p = np.linspace(sigma_gmv, 1.05*np.max(Stdev), num=250)
54  mu_p_efficient = (A + np.sqrt(np.abs(C*sigma_p**2 - 1.0)*D))/C
55  fig1 = plt.figure(1, facecolor='w')
56  plt.plot(sigma_p, mu_p_efficient, 'k-')
57  plt.plot(V_Risk, V_Target, 'k:')
58  plt.plot(np.sqrt(np.diagonal(Sigma)), Mu, 'kx')
59  plt.legend([u'最小分散フロンティア（空売り制約なし）',
60              u'最小分散フロンティア（空売り制約あり）',
61              u'個別資産'],
62             loc='best', frameon=False, prop=jpfont)
63  plt.xlabel(u'標準偏差 (%)', fontproperties=jpfont)
64  plt.ylabel(u'期待収益率 (%)', fontproperties=jpfont)
65  #   投資比率の推移の作図
66  fig2 = plt.figure(2, facecolor='w')
67  plt.stackplot(V_Target, V_Weight.T*100,
68               colors=tuple([tuple(gray*np.ones(3))
69                            for gray in np.linspace(0.4,0.8,num=Mu.shape[0])]))
70  plt.axis([Mu.min(), Mu.max(), 0.0, 100.0])
71  plt.legend([u'資産 1', u'資産 2', u'資産 3', u'資産 4', u'資産 5'],
72             loc='upper left', bbox_to_anchor=(1.0, 1.0),
73             frameon=False, prop=jpfont)
74  plt.xlabel(u'目標期待収益率 (%)', fontproperties=jpfont)
75  plt.ylabel(u'投資比率 (%)', fontproperties=jpfont)
76  plt.show()
```

　数値的に (4.13) 式の空売り制約の下での分散最小化問題を解く Python コードの例が，コード 4.2 である．このコードの目的は，前項の演習で使用した表 4.1 と同じ期

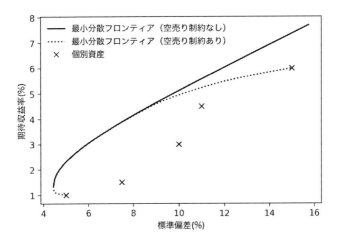

図 **4.2**　空売り制約の有無が最小分散フロンティアに与える影響

待収益率と分散共分散行列を使い，空売り制約の有無が最小フロンティアに与える影響を図示することである．このコードを実行すると図 4.2 が描画される．この図では，図 4.1 でも示した効率的フロンティアが同じく実線で描かれている（凡例では「最小分散フロンティア（空売り制約なし）」）．しかし，図 4.1 に示されていた最小分散フロンティアの非効率的な部分は図 4.2 では割愛した．代わりに空売り制約の下での最小分散フロンティアが点線で描かれている（凡例では「最小分散フロンティア（空売り制約あり）」）．両者がほぼ重なっている箇所もあるが，空売り制約の下での最小分散フロンティアは空売り制約を課さない最小分散フロンティアの右側に位置している．このことは，同じ目標期待収益率を達成するために空売り制約の下ではより高いリスク（標準偏差）をとる必要があることを示唆している．もう一つ注目すべき点は，空売り制約の下での最小分散フロンティアは「端点」を持つことである．スペースの制約のため一見端があるように見えるが，図 4.1 の最小分散フロンティアには端点はない．(4.10) 式を見るとわかるように，リスクをとれば（標準偏差を高くすれば）いくらでも期待収益率を高めることができる．一方，図 4.2 の最小分散フロンティアの両端は，ちょうど期待収益率が最低である資産 1 と最高である資産 4 の（期待収益率，標準偏差）の組み合わせに対応している．これは，ポートフォリオの構築において実現可能な期待収益率の上下限が，空売り制約のためにポートフォリオに組み入れられる資産の中の上下限に絞られてしまうことを意味している．

　図 4.2 の最小分散フロンティア上にあるポートフォリオの投資比率の推移は，コード4.2 を実行することで作られるもう一つの図 4.3 を見ることでわかる．図 4.3 において，目標期待収益率が 1%のときに資産 1 への投資比率は 100%となる．しかし，目標

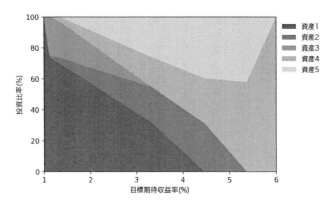

図 4.3　空売り制約の下での投資比率の推移

期待収益率を上げていくにつれて，期待収益率の一番低い資産 1 への投資比率は徐々に下がり，目標期待収益率が 4.5%を過ぎると資産 1 への投資は全く行われなくなる．資産 3 への投資は目標期待収益率が低い内は行われるが，目標期待収益率が 3.3%を過ぎる辺りから行われなくなる．目標期待収益率が 4%台後半のときは，資産 2，4，5 のみに投資することになる．さらに目標期待収益率を高めるためには，期待収益率が最も高い資産 4 へ集中的に投資するしかなく，最終的には資産 4 に 100%投資することで最大目標期待収益率 6%を達成できる．

　それでは具体的に Python コード 4.2 の中を見ていこう．二次計画問題を始めとする最適化問題を解くための CVXPY (Diamond and Boyd (2016)，公式ウェブサイト http://www.cvxpy.org/) というパッケージが Python で利用可能である[*2)]．しかし，残念ながら Anaconda の初期状態では CVXPY はインストールされていないので，Python を起動する前に Anaconda にインストールする必要がある．macOS や Linux では

```
conda install -c cvxgrp cvxpy
```

とターミナルでタイプすることでインストールできる．Windows では，代わりにスタートメニューから Anaconda Prompt を選び，そこで

```
conda install -c omnia cvxpy
```

とタイプすればよい（この方法は macOS や Linux のターミナルでも有効である）．なお著者が執筆時点で試した限りでは，Windows で CVXPY を使うには Python 2.7

[*2)]　本書はバージョン 0.4.x の使用を前提としているが，バージョン 1.0 より文法が大幅に変更されたことに注意しよう．これに関する詳細な解説へは上記 URL から辿ることができる．

系の Anaconda をインストールする必要がある（もし 64 ビット版が不安定であると
きは 32 ビット版を試すとよいだろう）.

このコードでは，CVXPY の機能を使うためには NumPy などと同じ要領でコード
の最初の方で CVXPY を読み込んでいる.

```
7 | import cvxpy as cvx
```

CVXPY において最適化問題は以下の関数群を使用することで設定される.

```
            変数 = Variable(行数, 列数)
        パラメータ = Parameter(行数, 列数, sign=符号, value=初期値)
  目的関数オブジェクト = Minimize(目的関数の数式) # 最小化問題の場合
                = Maximize(目的関数の数式) # 最大化問題の場合
最適化問題オブジェクト = Problem(目的関数オブジェクト, 制約式)
```

Variable() は，最適化問題の中で制御する変数を指定する関数である. 列数を指定
しなければ変数は列ベクトルとなり，行数も列数も指定しなければスカラーとなる.
Parameter() は，最適化問題の中で値が固定された変数（パラメータ）を指定する関
数である. 最適化問題の中で必ずしもパラメータを指定する必要はないが，分散最小
化問題における目標期待収益率 μ_P のように値を変化させて効率的フロンティアを作
成する場合などで便利な機能である. オプション sign を使うと，パラメータの符号
が決まっているときに'positive'（正値）をあるいは'negative'（負値）を設定で
きる. また，オプション value を使うと，パラメータの初期値をあらかじめ与えてお
くことができる. Minimize() は最小化問題，Maximize() は最大化問題を設定する関
数である. これらの関数では，先に指定した変数とパラメータを含む数式表現から最
適化問題の目的関数として使用されるオブジェクトが生成される. 最後の Problem()
は，目的関数と制約式を組み合わせて最適化問題のオブジェクトが生成する. 制約式
としては等号==，不等号>=および<=が使える.

```
36 | Weight = cvx.Variable(Mu.shape[0])
37 | Target_Return = cvx.Parameter(sign='positive')
38 | Risk_Variance = cvx.quad_form(Weight, Sigma)
39 | Opt_Portfolio = cvx.Problem(cvx.Minimize(Risk_Variance),
40 |                     [Weight.T*Mu == Target_Return,
41 |                      cvx.sum_entries(Weight) == 1.0,
42 |                      Weight >= 0.0])
```

上記の部分では，(4.13) 式の空売り制約の下での分散最小化問題を CVXPY で解くた
めの設定を行っている. CVXPY の関数であることを明確にするために cvx. が関数名の

前に付いていることに注意しよう. 最初の行 Weight = cvx.Variable(Mu.shape[0]) では,最適化問題の中で制御すべき変数 Weight を期待収益率のベクトル Mu と同じ要素数を持つ列ベクトルとして生成している. 次の行 Target_Return = cvx.Parameter(sign='positive') では,最適化問題の中で目標期待収益率として機能するパラメータ Target_Retern を定義している. 現実問題としてマイナスの期待収益率を目標値に設定する意味はないので,Target_Retern は常に正値であるとして sign='positive' というオプションを付けている. 続く Risk_Variance = cvx.quad_form(Weight, Sigma) では,2 次形式 $w'\Sigma w$ を計算するオブジェクトを生成している. cvx.quad_form() は 2 次形式を計算するための CVXPY 関数であり,この段階では Risk_Variance という名前の「箱」を作っているだけで何も計算が行われないことに注意しよう. 最後の行では,最適化問題オブジェクト Opt_Portfolio を関数 cvx.Problem() で生成している. cvx.Minimize(Risk_Variance) によって先ほど定義した 2 次形式の目的関数オブジェクト Risk_Variance を最小化問題の目的関数に設定し,[] で括られた数式で制約式を与えている. 空売り制約の下での分散最小化問題 (4.13) での制約式とその CVXPY における数式表現の対応は以下の通りである.

制約式	CVXPY での数式表現
$w'\mu = \mu_\mathcal{P}$	Weight.T*Mu == Target_Return
$w'\iota = 1$	cvx.sum_entries(Weight) == 1.0
$w_1 \geqq 0, \cdots, w_N \geqq 0$	Weight >= 0.0

Weight.T の.T は行列やベクトルの転置を求めるメソッドであり,cvx.sum_entries() はベクトルの要素の総和を求める CVXPY 関数である. Weight >= 0.0 はすべての要素が 0 以上であるという不等号制約を意味している. 両者を比べると,制約式がほぼそのまま Python の数式表現に置き換えられていることがわかる.

空売り制約の下での分散最小化問題 (4.13) を記述した最適化問題オブジェクト Opt_Portfolio が生成されたので,ようやく実際に最適化問題を解く段階に入れる.

```
44  V_Target = np.linspace(Mu.min(), Mu.max(), num=250)
45  V_Risk = np.zeros(V_Target.shape)
46  V_Weight = np.zeros((V_Target.shape[0],Mu.shape[0]))
47  for idx, Target_Return.value in enumerate(V_Target):
48      Opt_Portfolio.solve()
49      V_Weight[idx,:] = Weight.value.T
50      V_Risk[idx] = np.sqrt(Risk_Variance.value)
```

この部分はコード 4.1 で異なる目標期待収益率に対して投資比率を計算した箇所（第33〜39 行）と共通するところが多い．主な違いは以下の通りである．

(i) for 文においてメソッド.value で目標期待収益率の値をパラメータ Target_Return に代入している．

(ii) Opt_Portfolio.solve() で最適化問題オブジェクト Opt_Portfolio を実際に解いている．このとき Target_Return に代入しておいた目標期待収益率の値が使われる．

(iii) メソッド.value を使って，変数 Weight と目的関数オブジェクト Risk_Variance から値を取り出して，for ループに入る前に用意しておいた NumPy 配列 V_Weight と V_Risk に最小分散ポートフォリオの投資比率と収益率の標準偏差を保存している．なお Weight.value.T と転置しているのは，CVXPY においてベクトルはいつも列ベクトルとして扱われるからである．

図 4.2 を作成する部分は，コード 4.1 とほとんど変わらないので説明を省略する．図 4.3 を作成する部分は以下の通りである．

```
65  #  投資比率の推移の作図
66  fig2 = plt.figure(2, facecolor='w')
67  plt.stackplot(V_Target, V_Weight.T*100,
68                  colors=tuple([tuple(gray*np.ones(3))
69                      for gray in np.linspace(0.4,0.8,num=Mu.shape[0])]))
70  plt.axis([Mu.min(), Mu.max(), 0.0, 100.0])
71  plt.legend([u'資産 1', u'資産 2', u'資産 3', u'資産 4', u'資産 5'],
72              loc='upper left', bbox_to_anchor=(1.0, 1.0),
73              frameon=False, prop=jpfont)
74  plt.xlabel(u'目標期待収益率 (%)', fontproperties=jpfont)
75  plt.ylabel(u'投資比率 (%)', fontproperties=jpfont)
76  plt.show()
```

図 4.3 のようなグラフは作図関数 plt.stackplot() を使うと作成できる．この関数の中の colors=... は，グレースケールを自動的に設定している部分である．plt.axis() は横軸と縦軸の下限と上限を設定する関数であり，plt.legend() の中のオプション bbox_to_anchor をうまく調節すると枠外に凡例を配置できるようになる．

4.3 期待収益率と収益率の分散共分散行列が未知の場合

今まではポートフォリオを構成する資産の期待収益率 μ と収益率の分散共分散行列 Σ が表 4.1 のように既知であるとして平均分散アプローチによる最適ポートフォリオ選択を説明してきた．しかし，現実には μ と Σ は投資家にとって未知の値である．

したがって，過去の資産収益率のデータからこれらを推定しなければならない．ここで時点 $t\ (= 1, \ldots, T)$ における資産 $n\ (= 1, \ldots, N)$ の収益率の観測値 r_{nt} が与えられていると仮定する．このとき (4.2) 式の μ_n と σ_{nm} を統計学で広く使われる標本平均 $\bar{r}_n$ と標本共分散 s_{nm}（$n = m$ のときは標本分散 s_n^2 になる）

$$\bar{r}_n = \frac{1}{T} \sum_{t=1}^{T} r_{it}, \quad s_{nm} = \frac{1}{T} \sum_{t=1}^{T} (r_{nt} - \bar{r}_n)(r_{mt} - \bar{r}_m), \quad (n, m = 1, \ldots, N), \ (4.14)$$

によって推定することを考えよう[*3]．最も簡単な方法は，これらをまとめて

$$\bar{\boldsymbol{r}} = \begin{bmatrix} \bar{r}_1 \\ \vdots \\ \bar{r}_N \end{bmatrix}, \quad \boldsymbol{S} = \begin{bmatrix} s_1^2 & \cdots & s_{1N} \\ \vdots & \ddots & \vdots \\ s_{N1} & \cdots & s_N^2 \end{bmatrix}, \tag{4.15}$$

とし，これを (4.2) 式の $\boldsymbol{\mu}$ と $\boldsymbol{\Sigma}$ の代わりに使うことである．しかし，数値計算の観点からもっと効率的でエレガントな方法が知られている．それを説明しよう．

未知の $\boldsymbol{\Sigma}$ を $\boldsymbol{S}$ で置き換えたとき，投資比率 $\boldsymbol{w}$ であるポートフォリオの収益率の分散 (4.7) の推定値は

$$
\begin{aligned}
\widehat{\mathrm{Var}}[R_{\mathcal{P}}] &= \boldsymbol{w}' \boldsymbol{S} \boldsymbol{w} = \sum_{n=1}^{N} \sum_{m=1}^{N} w_n w_m s_{nm} \\
&= \sum_{n=1}^{N} \sum_{m=1}^{N} w_n w_m \left\{ \frac{1}{T} \sum_{t=1}^{T} (r_{nt} - \bar{r}_n)(r_{mt} - \bar{r}_m) \right\} \\
&= \frac{1}{T} \sum_{t=1}^{T} \sum_{n=1}^{N} w_n (r_{nt} - \bar{r}_n) \sum_{m=1}^{N} w_n (r_{nt} - \bar{r}_n) = \frac{1}{T} \sum_{t=1}^{T} \left\{ \sum_{n=1}^{N} w_n (r_{nt} - \bar{r}_n) \right\}^2 \\
&= \frac{1}{T} \sum_{t=1}^{T} (r_{\mathcal{P}t} - \bar{r}_{\mathcal{P}})^2, \quad r_{\mathcal{P}t} = \sum_{n=1}^{N} w_n r_{nt}, \quad \bar{r}_{\mathcal{P}} = \sum_{n=1}^{N} w_n \bar{r}_n = \frac{1}{T} \sum_{t=1}^{T} r_{\mathcal{P}t},
\end{aligned}
$$
$$\tag{4.16}$$

と展開される．(4.16) 式の $r_{\mathcal{P}t}$ は仮に投資比率 $\boldsymbol{w}$ で時点 t に運用したと仮定したときに達成されるポートフォリオの収益率の実績値である．一方，$\bar{r}_{\mathcal{P}}$ は仮に投資比率 $\boldsymbol{w}$ で時点 $t = 1$ から $t = T$ まで運用したと仮定したときの平均運用実績と解釈される．したがって，(4.16) 式の $\frac{1}{T} \sum_{t=1}^{T} (r_{\mathcal{P}t} - \bar{r}_{\mathcal{P}})^2$ は投資比率 $\boldsymbol{w}$ で運用したと仮定

[*3]　統計学の教科書では，(4.14) 式のように T で割る代わりに，分散の不偏推定量

$$\hat{\sigma}_n^2 = \frac{1}{T-1} \sum_{t=1}^{T} (r_{nt} - \bar{r}_n)^2,$$

が標本分散として紹介されることが多い．しかし，T が大きくなればどちらを使っても数値上は大差なくなる．

したときのリスクとしての分散の実績値となっている。つまり，(4.8) 式や (4.13) 式の目的関数内の $\boldsymbol{\Sigma}$ を (4.15) 式の $\boldsymbol{S}$ で置き換えるということは，これらの分散最小化問題において過去の分散の実績値が最小になるようなポートフォリオを選択していることを意味するのである。この事実は単に「未知のパラメータを推定値で置き換えた」という以上に重要な含意となっている。

ここで新たな変数

$$\boldsymbol{v} = [v_1; \cdots; v_N], \quad v_t = r_{\mathcal{P}t} - \bar{r}_{\mathcal{P}},$$

を導入しよう。v_t は投資比率 $\boldsymbol{w}$ で時点 t に運用していたと仮定したときに達成されるポートフォリオの収益率 $r_{\mathcal{P}t}$ と全運用期間 $t = 1, \ldots, T$ での平均運用実績 $\bar{r}_{\mathcal{P}}$ との差であり，統計学では偏差と呼ばれる値である。すると，ポートフォリオの収益率の分散の実績値は

$$\widehat{\mathrm{Var}}[R_{\mathcal{P}}] = \frac{1}{T} \sum_{t=1}^{T} v_t^2, \tag{4.17}$$

と書き直される。また

$$r_{\mathcal{P}t} - \bar{r}_{\mathcal{P}} = \sum_{n=1}^{N} w_n (r_{nt} - \bar{r}_n),$$

であるから，ポートフォリオの収益率の偏差ベクトル $\boldsymbol{v}$ は，

$$\boldsymbol{v} = \boldsymbol{D}\boldsymbol{w}, \quad \boldsymbol{D} = \begin{bmatrix} r_{11} - \bar{r}_1 & \cdots & r_{N1} - \bar{r}_N \\ \vdots & \ddots & \vdots \\ r_{1T} - \bar{r}_1 & \cdots & r_{NT} - \bar{r}_N \end{bmatrix}, \tag{4.18}$$

と表される。したがって，

- 目的関数 $\boldsymbol{w}'\boldsymbol{\Sigma}\boldsymbol{w}$ を (4.17) 式で置き換える
- 期待収益率のベクトル $\boldsymbol{\mu}$ を収益率の標本平均のベクトル $\bar{\boldsymbol{r}}$ で置き換える
- (4.18) 式を新たな制約式として加える

ことによって，(4.13) 式の分散最小化問題は

$$\begin{aligned} \min_{\boldsymbol{w}, \boldsymbol{v}} \quad & \widehat{\mathrm{Var}}[R_{\mathcal{P}}] = \frac{1}{T} \sum_{t=1}^{T} v_t^2, \\ \mathrm{s.t.} \quad & \boldsymbol{D}\boldsymbol{w} = \boldsymbol{v}, \quad \boldsymbol{w}'\bar{\boldsymbol{r}} = \mu_{\mathcal{P}}, \quad \boldsymbol{w}'\boldsymbol{\iota} = 1, \\ & w_1 \geqq 0, \cdots, w_N \geqq 0. \end{aligned} \tag{4.19}$$

と書き直される（空売り制約なしの分散最小化問題 (4.8) も基本的に同じように書き直される）。

▶ 多変量正規分布からの資産収益率データの生成

コード **4.3** pyfin_asset_return_simulation.py

```
1  # -*- coding: utf-8 -*-
2  #   NumPy の読み込み
3  import numpy as np
4  #   SciPy の stats モジュールの読み込み
5  import scipy.stats as st
6  #   Pandas の読み込み
7  import pandas as pd
8  #%% 多変量正規分布からの乱数生成と保存
9  Mu = np.array([1.0, 3.0, 1.5, 6.0, 4.5])
10 Stdev = np.array([5.0, 10.0, 7.5, 15.0, 11.0])
11 CorrMatrix = np.array([[1.00, 0.25, 0.18, 0.10, 0.25],
12                        [0.25, 1.00, 0.36, 0.20, 0.20],
13                        [0.18, 0.36, 1.00, 0.25, 0.36],
14                        [0.10, 0.20, 0.25, 1.00, 0.45],
15                        [0.25, 0.20, 0.36, 0.45, 1.00]])
16 Sigma = np.diag(Stdev).dot(CorrMatrix).dot(np.diag(Stdev))
17 np.random.seed(9999)
18 T = 120
19 End_of_Month = pd.date_range('1/1/2007', periods=T, freq='M')
20 Asset_Names = [u'資産 1', u'資産 2', u'資産 3', u'資産 4', u'資産 5']
21 Asset_Return = pd.DataFrame(st.multivariate_normal(Mu, Sigma).rvs(T),
22                        index=End_of_Month, columns=Asset_Names)
23 Asset_Return.to_csv('asset_return_data.csv')
```

それでは Python を使って (4.19) 式の分散最小化問題を解く方法を解説しよう.
(4.19) 式の分散最小化問題を解くためには, 何はともあれ資産収益率のデータが必要である. 本章では, 表 4.1 の平均ベクトルと分散共分散行列を持つ多変量正規分布[*4)]から乱数を大量に生成して, これを実データの代わりに使うこととする. この作業を行っているのが Python コード 4.3 である. いつものようにコードの最初の方で必要なパッケージを読み込んでいるが, ここで今まで使ってこなかった新しいパッケージとして SciPy と Pandas を読み込んでいる. SciPy は科学技術計算用の様々な関数を含むパッケージである. その中の統計学で頻繁に使用する関数を集めた stats モジュールを読み込んでいるのが

[*4)] 平均ベクトル $\boldsymbol{\mu}$, 分散共分散行列 $\boldsymbol{\Sigma}$ の多変量正規分布の確率密度関数は

$$f(\boldsymbol{x}) = (2\pi)^{-\frac{N}{2}} |\boldsymbol{\Sigma}|^{-\frac{1}{2}} \exp\left[-\frac{1}{2}(\boldsymbol{x} - \boldsymbol{\mu})' \boldsymbol{\Sigma}^{-1} (\boldsymbol{x} - \boldsymbol{\mu})\right],$$

として与えられる.

```
4  #   SciPy の stats モジュールの読み込み
5  import scipy.stats as st
```

である．次に読み込む Pandas は Python 内でのデータの入出力，データの加工や可視化などのデータ解析を行うために必須の関数を集めたパッケージである．

```
6  #   Pandas の読み込み
7  import pandas as pd
```

続く第 17〜23 行で乱数生成とそのファイルへの保存を行っている．

```
17  np.random.seed(9999)
18  T = 120
19  End_of_Month = pd.date_range('1/1/2007', periods=T, freq='M')
20  Asset_Names = [u'資産 1', u'資産 2', u'資産 3', u'資産 4', u'資産 5']
21  Asset_Return = pd.DataFrame(st.multivariate_normal(Mu, Sigma).rvs(T),
22                    index=End_of_Month, columns=Asset_Names)
23  Asset_Return.to_csv('asset_return_data.csv')
```

np.random.seed() は乱数のシードを与える NumPy 関数である．コンピュータ上での乱数（正確には擬似乱数）の生成方法については紙数の制約のため詳細に説明できないが，擬似乱数の特徴として同じシードを与えておけばコードを何回実行しても必ず同じ乱数が生成されるため，計算結果の再現性が保証される．次の T=120 で期間の数 T を 120 に設定している．pd.date_range() は日付や時刻の系列を生成する Pandas 関数である．第 19 行では 2007 年 1 月 1 日から T 期分（つまり 120 期分）の月末の日付を生成している．つまり，2007 年 1 月 31 日から 2016 年 12 月 31 日までの 120 期の系列が NumPy 配列 End_of_Month に格納されるのである．本節の例で生成するのは人工データに過ぎないが，Pandas を活用すると簡単にデータと日付を紐づけられることを実演するために，ここでは月末の日付の系列 End_of_Month を生成している．参考までに，よく使われる freq オプションの選択肢が表 4.2 にまとめられている．

表 4.2　Pandas 関数 date_range() の freq オプションの例

オプション	タイムスタンプ	オプション	タイムスタンプ
B	営業日	D	日
W	週末	M	月末
Q	四半期末	A	年末
H	時	T	分
S	秒	L	ミリ秒
U	マイクロ秒	N	ナノ秒

第 20 行の Asset_Names は資産名の文字列を格納した配列である．第 21 行
の pd.DataFrame() は，NumPy 配列などから「データフレーム」と呼ばれる
Pandas が扱えるデータ形式を作成するための関数である．まず SciPy 関数の
st.multivariate_normal() を使って平均ベクトル Mu，分散共分散行列 Sigma の多
変量正規分布から T 期分の乱数を生成する（st.multivariate_normal(Mu, Sigma)
で平均ベクトルと分散共分散行列を指定し，.rvs(T) の部分で T 個の乱数を生成
するように指示を与えている）．この Mu と Sigma は表 4.1 に示されている 5 つの
資産の期待収益率と標準偏差および相関係数行列から第 9〜16 行で作成されたもの
である（この作業は既にコード 4.1 のところで解説しているので省略する）．この
st.multivariate_normal(...) の部分で生成された乱数を過去の資産収益率のデー
タ $r_t = [r_{1t}; \cdots ; r_{Nt}]$ $(t = 1, \ldots , T)$ と見なして，データフレーム Asset_Return
に格納するのである．続いてオプション index=End_of_Month で先ほど作っておいた
End_of_Month をデータフレーム内の各行（つまり r_t）の日付として割り当て，オプ
ション columns=Asset_Names で資産名 Asset_Names をデータフレームの各列に割り
当てる．このようにして作られた Asset_Return をコンソールに表示すると，次のよ
うになる．

```
In [2]: Asset_Return
Out[2]:
            資産 1      資産 2      資産 3       資産 4       資産 5
2007-01-31 -2.313057  -4.503855   0.530932    1.392579  -1.345408
2007-02-28 -2.474033  -2.361441 -19.814875   12.819493 -10.031085
2007-03-31 -5.384739   2.588934  10.350946   10.356395  -1.664494
2007-04-30 -5.992190  -0.496439  -4.770446   -5.838914 -21.171828
2007-05-31 -4.701301 -13.822786   6.776691   -4.201704  21.390680
2007-06-30 14.334365  -1.641019  10.873043   40.106349  12.679568
2007-07-31  5.850337  21.722096  -0.098886    8.566744  22.783306
2007-08-31  1.733812   5.186522   5.509462    3.031329   7.429171
2007-09-30  5.698408   3.047701  -3.383504   33.851764   7.051331
2007-10-31 -2.003163 -10.209126 -21.065882  -13.882548 -10.405724
2007-11-30  1.415315   3.194717  -1.065427   -1.858493  -3.110908
2007-12-31 -2.748806   8.370407   7.159832   30.206609   3.671644
```

このように Pandas におけるデータフレームは，表計算ソフトのように各列に変数が
並び，各行に各々のデータエントリーが並ぶような形式になっている．最後に Pandas
のデータフレームの機能であるメソッド .to_csv() を使って，Asset_Return 内のデー
タの CSV ファイル asset_return_data.csv への出力を行っている．CSV ファイル
はテキスト形式のファイルであり，数値 (values) がカンマ (comma) で区切られて
いる (separated)，つまり comma-separated values であることから CSV ファイル

と呼ばれている．多くの表計算ソフトにおいて CSV ファイルの読み込みが標準でサ
ポートされている．

▶ 期待収益率と収益率の分散共分散行列をデータから推定する場合の最適化

コード 4.4 pyfin_mvf_example3.py

```
 1  # -*- coding: utf-8 -*-
 2  #   NumPy の読み込み
 3  import numpy as np
 4  #   CVXPY の読み込み
 5  import cvxpy as cvx
 6  #   Pandas の読み込み
 7  import pandas as pd
 8  #   Matplotlib の Pyplot モジュールの読み込み
 9  import matplotlib.pyplot as plt
10  #   日本語フォントの設定
11  from matplotlib.font_manager import FontProperties
12  import sys
13  if sys.platform.startswith('win'):
14      FontPath = 'C:\Windows\Fonts\meiryo.ttc'
15  elif sys.platform.startswith('darwin'):
16      FontPath = '/System/Library/Fonts/ヒラギノ角ゴシック W4.ttc'
17  elif sys.platform.startswith('linux'):
18      FontPath = '/usr/share/fonts/truetype/takao-gothic/TakaoExGothic.ttf'
19  jpfont = FontProperties(fname=FontPath)
20  #%% 収益率データの読み込み
21  R = pd.read_csv('asset_return_data.csv', index_col=0)
22  T = R.shape[0]
23  N = R.shape[1]
24  Mu = R.mean().values
25  Sigma = (R.cov().values)*((T-1.0)/T)
26  Return_Dev = (R - Mu).values/np.sqrt(T)
27  #%% 空売り制約の下での分散最小化問題の設定
28  Weight = cvx.Variable(N)
29  Deviation = cvx.Variable(T)
30  Target_Return = cvx.Parameter(sign='positive')
31  Risk_Variance = cvx.sum_squares(Deviation)
32  Opt_Portfolio = cvx.Problem(cvx.Minimize(Risk_Variance),
33                      [Return_Dev*Weight == Deviation,
34                       Weight.T*Mu == Target_Return,
35                       cvx.sum_entries(Weight) == 1.0,
36                       Weight >= 0.0])
37  #%% 空売り制約の下での最小分散フロンティアの計算
38  V_Target = np.linspace(Mu.min(), Mu.max(), num=250)
```

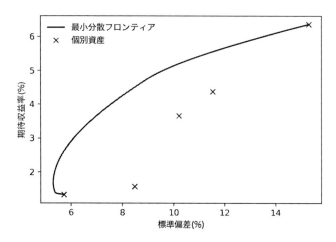

図 **4.4** 期待収益率と収益率の分散共分散行列を推定したときの最小分散フロンティア

```
39  V_Risk = np.zeros(V_Target.shape)
40  for idx, Target_Return.value in enumerate(V_Target):
41      Opt_Portfolio.solve()
42      V_Risk[idx] = np.sqrt(Risk_Variance.value)
43  #%% 最小分散フロンティアのグラフの作成
44  fig1 = plt.figure(1, facecolor='w')
45  plt.plot(V_Risk, V_Target, 'k-')
46  plt.plot(np.sqrt(np.diagonal(Sigma)), Mu, 'kx')
47  plt.legend([u'最小分散フロンティア', u'個別資産'],
48          loc='best', frameon=False, prop=jpfont)
49  plt.xlabel(u'標準偏差 (%)', fontproperties=jpfont)
50  plt.ylabel(u'期待収益率 (%)', fontproperties=jpfont)
51  plt.show()
```

　以上の作業で 5 つの資産の収益率データを保存した CSV ファイルが作成できたので，続いてこの CSV ファイルからデータを読み取ってポートフォリオ選択問題を解く Python 演習を行う．この pyfin_mvf_example3.py を実行すると図 4.4 が描かれる．

　このコードの前半は今まで通り必要なパッケージを読み込んでいるだけである．その中には最適化問題を解くために必要な関数を提供する CVXPY パッケージが含まれる．このコードにおいてコード 4.3 で生成されたデータを CSV ファイルから読み込んでいる箇所が以下に示されている．

```
20  #%% 収益率データの読み込み
21  R = pd.read_csv('asset_return_data.csv', index_col=0)
22  T = R.shape[0]
```

```
23 | N = R.shape[1]
24 | Mu = R.mean().values
25 | Sigma = (R.cov().values)*((T-1.0)/T)
26 | Return_Dev = (R - Mu).values/np.sqrt(T)
```

第 21 行の `pd.read_csv()` が CSV ファイルを読み込みデータフレーム R を作成する Pandas の関数である. ここで `index_col=0` は CSV ファイルの第 1 列目 (Python ではインデックスは 0 から始まることに注意しよう) にある月末の日付の系列をデータフレームのインデックスに使うことを指定するオプションである. 次の 2 行の `.shape` は NumPy 配列の行数と列数を返すメソッドと同じ表記であるが, ここでは Pandas のデータフレームの行数と列数を返すことになる. 第 24 行の `.mean()` は標本平均を, 第 25 行の `.cov()` は標本分散共分散行列を返すメソッドである. 両者に `.values` が付け加えられているのは, データフレームの数値部分のみを取り出して Mu と Sigma を純粋な NumPy 配列として作成するためである. 数値演算が NumPy 配列の方が扱いやすいため, このような処理を施している. なおメソッド `.cov()` は (4.14) 式とは異なり $T-1$ で割った不偏推定量の値を返すので, `(T-1.0)/T` を掛けて (4.14) 式の定義に合わせるように値を修正している. 第 26 行の `Return_Dev` は (4.18) 式の $\boldsymbol{D}$ を T の平方根で割ったものである. こうすると (4.19) 式の分散最小化問題は

$$
\begin{aligned}
\min_{\boldsymbol{w},\boldsymbol{v}} \quad & T\,\widehat{\mathrm{Var}}[R_{\mathcal{P}}] = \sum_{t=1}^{T} v_t^2, \\
\text{s.t.} \quad & \frac{1}{\sqrt{T}}\boldsymbol{D}\boldsymbol{w} = \boldsymbol{v}, \quad \boldsymbol{w}'\bar{\boldsymbol{r}} = \mu_{\mathcal{P}}, \quad \boldsymbol{w}'\boldsymbol{\iota} = 1, \\
& w_1 \geqq 0, \cdots, w_N \geqq 0.
\end{aligned}
\tag{4.20}
$$

と書き換えられる. オリジナルの (4.19) 式と異なり, (4.20) 式では目的関数が $v_1, \ldots, v_T$ の二乗和の形になっている. こうするのは CVXPY で用意されている二乗和の目的関数 `cvx.sum_squares()` を使えるようにするためである.

続いて第 27〜36 行で分散最小化問題を設定している. この部分は, 目的関数が `cvx.sum_squares(Deviation)` に置き換わった点と新しい制約式 `Return_Dev*Weight == Deviation` が追加されている点を除いてコード 4.2 での分散最小化問題の設定とほとんど同じである.

```
27 | #%% 空売り制約の下での分散最小化問題の設定
28 | Weight = cvx.Variable(N)
29 | Deviation = cvx.Variable(T)
30 | Target_Return = cvx.Parameter(sign='positive')
31 | Risk_Variance = cvx.sum_squares(Deviation)
32 | Opt_Portfolio = cvx.Problem(cvx.Minimize(Risk_Variance),
```

```
33 │         [Return_Dev*Weight == Deviation,
34 │          Weight.T*Mu == Target_Return,
35 │          cvx.sum_entries(Weight) == 1.0,
36 │          Weight >= 0.0])
```

以下の部分は本質的にコード 4.2 で効率的フロンティアのグラフを作成している箇所と大差ないので説明は省く.

4.4 数学補論

4.4.1 最小分散ポートフォリオの解析解の証明

(4.8) 式の分散化問題を解くためにラグランジュ乗数法を使う[*5)].

$$\mathcal{L} = \frac{1}{2}\boldsymbol{w}'\boldsymbol{\Sigma}\boldsymbol{w} + \lambda_1(\boldsymbol{w}'\boldsymbol{\mu} - \mu_{\mathcal{P}}) + \lambda_2(\boldsymbol{w}'\boldsymbol{\iota} - 1), \tag{4.21}$$

において最小化のための 1 階の条件は

$$\frac{\partial \mathcal{L}}{\partial \boldsymbol{w}} = \boldsymbol{\Sigma}\boldsymbol{w} + \lambda_1\boldsymbol{\mu} + \lambda_2\boldsymbol{\iota} = \boldsymbol{0},$$

$$\frac{\partial \mathcal{L}}{\partial \lambda_1} = \boldsymbol{w}'\boldsymbol{\mu} - \mu_{\mathcal{P}} = 0,$$

$$\frac{\partial \mathcal{L}}{\partial \lambda_2} = \boldsymbol{w}'\boldsymbol{\iota} - 1 = 0,$$

である (ボールド体の $\boldsymbol{0}$ はゼロのみからなる N 次元の列ベクトルである). この 1 階の条件は

$$\begin{bmatrix} \boldsymbol{\Sigma} & \boldsymbol{\mu} & \boldsymbol{\iota} \\ \boldsymbol{\mu}' & 0 & 0 \\ \boldsymbol{\iota}' & 0 & 0 \end{bmatrix} \begin{bmatrix} \boldsymbol{w} \\ \lambda_1 \\ \lambda_2 \end{bmatrix} = \begin{bmatrix} \boldsymbol{0} \\ \mu_{\mathcal{P}} \\ 1 \end{bmatrix}, \tag{4.22}$$

とまとめられる. (4.22) 式を $\boldsymbol{w}$ について解けば, 最小化問題 (4.8) の解 $\boldsymbol{w}_{\mathcal{P}}$ が得られる. ここで

$$\boldsymbol{A}_{11} = \boldsymbol{\Sigma}, \quad \boldsymbol{A}_{12} = \begin{bmatrix} \boldsymbol{\mu} & \boldsymbol{\iota} \end{bmatrix}, \quad \boldsymbol{A}_{22} = \begin{bmatrix} 0 & 0 \\ 0 & 0 \end{bmatrix},$$

と定義すると, (4.22) 式が線形連立方程式であることから, その解は

$$\begin{bmatrix} \boldsymbol{w}_{\mathcal{P}} \\ \lambda_{1\mathcal{P}} \\ \lambda_{2\mathcal{P}} \end{bmatrix} = \begin{bmatrix} \boldsymbol{A}_{11} & \boldsymbol{A}_{12} \\ \boldsymbol{A}_{12}' & \boldsymbol{A}_{22} \end{bmatrix}^{-1} \begin{bmatrix} \boldsymbol{0} \\ \mu_{\mathcal{P}} \\ 1 \end{bmatrix}, \tag{4.23}$$

[*5)] 目的関数 $\boldsymbol{w}'\boldsymbol{\Sigma}\boldsymbol{w}$ に $\frac{1}{2}$ を掛けているのは証明内の数式を見やすくするためである. 解に影響は全くない.

として与えられる（ここでは 1 階の条件を満たすラグランジュ乗数 $\lambda_{1\mathcal{P}}$, $\lambda_{2\mathcal{P}}$ を明示的に導出しない）．したがって，(4.22) 式を解くためには (4.23) 式の右辺の逆行列を導出すればよい．これには分割行列の逆行列の公式

$$\begin{bmatrix} \boldsymbol{A}_{11} & \boldsymbol{A}_{12} \\ \boldsymbol{A}'_{12} & \boldsymbol{A}_{22} \end{bmatrix}^{-1} = \begin{bmatrix} \boldsymbol{A}_{11}^{-1} + \boldsymbol{A}_{11}^{-1}\boldsymbol{A}_{12}\boldsymbol{F}_2\boldsymbol{A}'_{12}\boldsymbol{A}_{11}^{-1} & -\boldsymbol{A}_{11}^{-1}\boldsymbol{A}_{12}\boldsymbol{F}_2 \\ -\boldsymbol{F}_2\boldsymbol{A}'_{12}\boldsymbol{A}_{11}^{-1} & \boldsymbol{F}_2 \end{bmatrix}, \quad (4.24)$$

$\left(\boldsymbol{F}_2 = \left(\boldsymbol{A}_{22} - \boldsymbol{A}'_{12}\boldsymbol{A}_{11}^{-1}\boldsymbol{A}_{12}\right)^{-1}\right)$ が使える．ここで

$$\boldsymbol{F}_2 = \left\{ -\begin{bmatrix} \boldsymbol{\mu}' \\ \boldsymbol{\iota}' \end{bmatrix} \boldsymbol{\Sigma}^{-1} \begin{bmatrix} \boldsymbol{\mu} & \boldsymbol{\iota} \end{bmatrix} \right\}^{-1} = -\begin{bmatrix} \boldsymbol{\mu}'\boldsymbol{\Sigma}^{-1}\boldsymbol{\mu} & \boldsymbol{\mu}'\boldsymbol{\Sigma}^{-1}\boldsymbol{\iota} \\ \boldsymbol{\iota}'\boldsymbol{\Sigma}^{-1}\boldsymbol{\mu} & \boldsymbol{\iota}'\boldsymbol{\Sigma}^{-1}\boldsymbol{\iota} \end{bmatrix}^{-1}$$

$$= -\begin{bmatrix} B & A \\ A & C \end{bmatrix}^{-1} = -\frac{1}{D}\begin{bmatrix} C & -A \\ -A & B \end{bmatrix}, \quad (4.25)$$

である[6]．(4.23) 式の右辺の逆行列内の左上のブロックにおいて，$\boldsymbol{A}_{11}^{-1} + \boldsymbol{A}_{11}^{-1}\boldsymbol{A}_{12}\boldsymbol{F}_2\boldsymbol{A}'_{12}\boldsymbol{A}_{11}^{-1}$ にはゼロベクトル $\boldsymbol{0}$ が掛かることから，最小分散ポートフォリオの投資比率 $\boldsymbol{w}_{\mathcal{P}}$ は

$$\boldsymbol{w}_{\mathcal{P}} = -\boldsymbol{A}_{11}^{-1}\boldsymbol{A}_{12}\boldsymbol{F}_2 \begin{bmatrix} \mu_{\mathcal{P}} \\ 1 \end{bmatrix}$$

$$= \boldsymbol{\Sigma}^{-1}\begin{bmatrix} \boldsymbol{\mu} & \boldsymbol{\iota} \end{bmatrix}\frac{1}{D}\begin{bmatrix} C & -A \\ -A & B \end{bmatrix}\begin{bmatrix} \mu_{\mathcal{P}} \\ 1 \end{bmatrix}$$

$$= \frac{C\mu_{\mathcal{P}} - A}{D}\boldsymbol{\Sigma}^{-1}\boldsymbol{\mu} + \frac{B - A\mu_{\mathcal{P}}}{D}\boldsymbol{\Sigma}^{-1}\boldsymbol{\iota},$$

として求められる．これは (4.9) 式そのものである．最後に最小分散ポートフォリオの分散は

---

[6] $\boldsymbol{\Sigma}$ は正定符号行列であると仮定されるから，$\boldsymbol{\Sigma}^{-1}$ もまた正定符号行列である．よって，$B = \boldsymbol{\mu}'\boldsymbol{\Sigma}^{-1}\boldsymbol{\mu} > 0$ と $C = \boldsymbol{\iota}'\boldsymbol{\Sigma}^{-1}\boldsymbol{\iota} > 0$ が必ず成り立つ．しかし，$A = \boldsymbol{\iota}'\boldsymbol{\Sigma}^{-1}\boldsymbol{\mu}$ の符号は明確ではない．さらに，

$$(A\boldsymbol{\mu} - B\boldsymbol{\iota})'\boldsymbol{\Sigma}^{-1}(A\boldsymbol{\mu} - B\boldsymbol{\iota}) = BA^2 - 2BA^2 + B^2C = B(BC - A^2) = BD > 0,$$

であるから，$B > 0$ より $D > 0$ がいえる．

$$\sigma_{\mathcal{P}}^2 = \boldsymbol{w}_{\mathcal{P}}' \boldsymbol{\Sigma} \boldsymbol{w}_{\mathcal{P}}$$

$$= \begin{bmatrix} \mu_{\mathcal{P}} & 1 \end{bmatrix} \begin{bmatrix} C & -A \\ -A & B \end{bmatrix} \frac{1}{D} \begin{bmatrix} \boldsymbol{\mu}' \\ \boldsymbol{\iota}' \end{bmatrix} \boldsymbol{\Sigma}^{-1} \boldsymbol{\Sigma} \boldsymbol{\Sigma}^{-1} \begin{bmatrix} \boldsymbol{\mu} & \boldsymbol{\iota} \end{bmatrix} \frac{1}{D} \begin{bmatrix} C & -A \\ -A & B \end{bmatrix} \begin{bmatrix} \mu_{\mathcal{P}} \\ 1 \end{bmatrix}$$

$$= \frac{1}{D} \begin{bmatrix} \mu_{\mathcal{P}} & 1 \end{bmatrix} \begin{bmatrix} C & -A \\ -A & B \end{bmatrix} \begin{bmatrix} B & A \\ A & C \end{bmatrix} \begin{bmatrix} B & A \\ A & C \end{bmatrix}^{-1} \begin{bmatrix} \mu_{\mathcal{P}} \\ 1 \end{bmatrix}$$

$$= \frac{1}{D} \begin{bmatrix} \mu_{\mathcal{P}} & 1 \end{bmatrix} \begin{bmatrix} C & -A \\ -A & B \end{bmatrix} \begin{bmatrix} \mu_{\mathcal{P}} \\ 1 \end{bmatrix} = \frac{C\mu_{\mathcal{P}}^2 - 2A\mu_{\mathcal{P}} + B}{D}$$

$$= \frac{C}{D} \left(\mu_{\mathcal{P}} - \frac{A}{C} \right)^2 + \frac{1}{C},$$

として与えられる（最後の式の導出には平方完成を使用する）．よって，(4.10) 式の最小分散フロンティアが導出された．

4.4.2 最小分散ポートフォリオの性質

最小分散ポートフォリオは以下のように様々な重要な性質を持つ．

最小分散ポートフォリオの性質

(i) **(2 基金定理)** 任意の最小分散ポートフォリオは任意の 2 つの最小分散ポートフォリオで複製される．

(ii) m 個の最小分散ポートフォリオ $\boldsymbol{w}_i$ $(i = 1, \ldots, m)$ のアフィン結合

$$\tilde{\boldsymbol{w}} = \sum_{i=1}^{m} t_i \boldsymbol{w}_i, \quad \sum_{i=1}^{m} t_i = 1,$$

もまた最小分散ポートフォリオの投資比率となっている．

(iii) 任意の 2 つの最小分散ポートフォリオの収益率 $R_{\mathcal{A}}$ と $R_{\mathcal{B}}$ の共分散 $\sigma_{ab} = \mathrm{Cov}[R_{\mathcal{A}}, R_{\mathcal{B}}]$ は

$$\sigma_{ab} = \frac{C\mu_{\mathcal{A}}\mu_{\mathcal{B}} - A(\mu_{\mathcal{A}} + \mu_{\mathcal{B}}) + B}{D}, \tag{4.26}$$

で与えられる．

(iv) ある最小分散ポートフォリオに対して共分散がゼロとなる最小分散ポートフォリオが存在するとき，これをゼロベータポートフォリオと呼ぶ．最小分散ポートフォリオの期待収益率を $\mu_{\mathcal{P}}$ とすると，対応するゼロベータポートフォリオの期待収益率 $\mu_{\mathcal{Z}}$ は

$$\mu_{\mathcal{Z}} = \frac{A\mu_{\mathcal{P}} - B}{C\mu_{\mathcal{P}} - A}, \tag{4.27}$$

で与えられる．

(v) 大域的最小分散ポートフォリオに対応するゼロベータポートフォリオは存在しない.

(vi) 効率的フロンティアに接する直線の切片は, 接点の最小分散ポートフォリオに対するゼロベータポートフォリオの期待収益率に等しい.

(vii) 任意の最小分散とは限らないポートフォリオの収益率 R_Q と最小分散ポートフォリオの収益率 R_P の共分散 $\sigma_{QP} = \mathrm{Cov}[R_Q, R_P]$ は, (4.26) 式と全く同じ形になる.

(viii) 任意の (最小分散とは限らない) ポートフォリオの期待収益率 μ_Q と最小分散ポートフォリオの期待収益率 μ_P の間には

$$\mu_Q = \mu_Z + \frac{\sigma_{QP}}{\sigma_P^2}(\mu_P - \mu_Z), \tag{4.28}$$

という関係が成り立つ.

(ix) 資産 $n (= 1, \ldots, N)$ の期待収益率 μ_n と最小分散ポートフォリオの期待収益率 μ_P の間には

$$\mu_n = \mu_Z + \beta_{nP}(\mu_P - \mu_Z), \quad \beta_{nP} = \frac{\sigma_{nP}}{\sigma_P^2}, \quad \sigma_{nP} = \mathrm{Cov}[R_n, R_P], \tag{4.29}$$

という関係が成り立つ.

(i) の証明

$$\boldsymbol{w}_{\mathcal{H}} = \frac{1}{A}\boldsymbol{\Sigma}^{-1}\boldsymbol{\mu} = \frac{1}{\boldsymbol{\iota}'\boldsymbol{\Sigma}^{-1}\boldsymbol{\mu}}\boldsymbol{\Sigma}^{-1}\boldsymbol{\mu}, \tag{4.30}$$

という投資比率を考える. $\boldsymbol{w}_{\mathcal{H}}$ が $\boldsymbol{w}'_{\mathcal{H}}\boldsymbol{\iota} = 1$ を満たすことは容易に確認できる. すると最小分散ポートフォリオの投資比率 (4.9) は (4.30) 式と大域的最小分散ポートフォリオの投資比率 (4.11) を使って

$$\boldsymbol{w}_{\mathcal{P}} = \frac{C\mu_P - A}{D}A\boldsymbol{w}_{\mathcal{H}} + \frac{B - A\mu_P}{D}C\boldsymbol{w}_{\mathcal{G}}, \tag{4.31}$$

と書き直される.

$$\frac{C\mu_P - A}{D}A + \frac{B - A\mu_P}{D}C = 1,$$

なので, 任意の $\boldsymbol{w}_{\mathcal{P}}$ は

$$\boldsymbol{w}_{\mathcal{P}} = t\boldsymbol{w}_{\mathcal{H}} + (1-t)\boldsymbol{w}_{\mathcal{G}}, \quad t = \frac{C\mu_P - A}{D}A, \tag{4.32}$$

の形に表されることがわかる. これはアフィン結合と呼ばれる形になっている. $\boldsymbol{w}_{\mathcal{H}}$ と $\boldsymbol{w}_{\mathcal{G}}$ は $\mu_1 = \cdots = \mu_N$ でない限り, 1 次独立である. 特に, $\mu_P = A/C$ のときは $t = 0$ となるから $\boldsymbol{w}_{\mathcal{P}} = \boldsymbol{w}_{\mathcal{G}}$ である. 一方, $\mu_P = B/A$ のときは $t = 1$ となるから

$\boldsymbol{w}_{\mathcal{P}} = \boldsymbol{w}_{\mathcal{H}}$ となる. ここで

$$\boldsymbol{w}_{\mathcal{A}} = t_{\mathcal{A}}\boldsymbol{w}_{\mathcal{H}} + (1 - t_{\mathcal{A}})\boldsymbol{w}_{\mathcal{G}}, \quad \boldsymbol{w}_{\mathcal{B}} = t_{\mathcal{B}}\boldsymbol{w}_{\mathcal{H}} + (1 - t_{\mathcal{B}})\boldsymbol{w}_{\mathcal{G}},$$

という 2 つの最小分散ポートフォリオを考える. $\boldsymbol{w}_{\mathcal{A}}$ と $\boldsymbol{w}_{\mathcal{B}}$ を組み合わせた投資比率 $\boldsymbol{w}_{\mathcal{C}} = t_{\mathcal{C}}\boldsymbol{w}_{\mathcal{A}} + (1 - t_{\mathcal{C}})\boldsymbol{w}_{\mathcal{B}}$ で作られるポートフォリオを考えると,

$$\boldsymbol{w}_{\mathcal{C}} = t_{\mathcal{C}}\boldsymbol{w}_{\mathcal{A}} + (1 - t_{\mathcal{C}})\boldsymbol{w}_{\mathcal{B}}$$
$$= \{t_{\mathcal{C}}t_{\mathcal{A}} + (1 - t_{\mathcal{C}})t_{\mathcal{B}}\}\boldsymbol{w}_{\mathcal{H}} + \{t_{\mathcal{C}}(1 - t_{\mathcal{A}}) + (1 - t_{\mathcal{C}})(1 - t_{\mathcal{B}})\}\boldsymbol{w}_{\mathcal{G}},$$

であり, $t_{\mathcal{C}}t_{\mathcal{A}} + (1 - t_{\mathcal{C}})t_{\mathcal{B}} + t_{\mathcal{C}}(1 - t_{\mathcal{A}}) + (1 - t_{\mathcal{C}})(1 - t_{\mathcal{B}}) = 1$ だから, (4.32) 式より $\boldsymbol{w}_{\mathcal{C}}$ は最小分散ポートフォリオの投資比率となっている. 任意の $(t_{\mathcal{A}}, t_{\mathcal{B}}, t_{\mathcal{C}})$ に対して以上の関係が成り立つことから, 任意の最小分散ポートフォリオは任意の 2 つの最小分散ポートフォリオから作成可能であることがわかる. □

(ii) の証明

$m = 2$ の場合の証明は (i) と全く同じである. $m \geqq 3$ については, 最初の $(m - 1)$ 個の最小分散ポートフォリオから作成した最小分散ポートフォリオと m 番目の最小分散ポートフォリオのアフィン結合が同じく最小分散ポートフォリオとなることから, 数学的帰納法によって証明できる. □

(iii) の証明

2 つの最小分散ポートフォリオの投資比率を $\boldsymbol{w}_{\mathcal{A}}$ および $\boldsymbol{w}_{\mathcal{B}}$ とし, それぞれの期待収益率を $\mu_{\mathcal{A}} = \boldsymbol{w}'_{\mathcal{A}}\boldsymbol{\mu}$ および $\mu_{\mathcal{B}} = \boldsymbol{w}'_{\mathcal{B}}\boldsymbol{\mu}$ とする. $R_{\mathcal{A}} = \boldsymbol{w}'_{\mathcal{A}}\boldsymbol{R}$ と $R_{\mathcal{B}} = \boldsymbol{w}'_{\mathcal{B}}\boldsymbol{R}$ の共分散は

$$\sigma_{ab} = \mathrm{E}[(R_{\mathcal{A}} - \mu_{\mathcal{A}})(R_{\mathcal{B}} - \mu_{\mathcal{B}})]$$
$$= \mathrm{E}[(\boldsymbol{w}'_{\mathcal{A}}\boldsymbol{R} - \boldsymbol{w}'_{\mathcal{A}}\boldsymbol{\mu})(\boldsymbol{w}'_{\mathcal{A}}\boldsymbol{R} - \boldsymbol{w}'_{\mathcal{A}}\boldsymbol{\mu})]$$
$$= \mathrm{E}[\boldsymbol{w}'_{\mathcal{A}}(\boldsymbol{R} - \boldsymbol{\mu})(\boldsymbol{R} - \boldsymbol{\mu})'\boldsymbol{w}_{\mathcal{B}}]$$
$$= \boldsymbol{w}'_{\mathcal{A}}\boldsymbol{\Sigma}\boldsymbol{w}_{\mathcal{B}},$$

として与えられる. (4.10) 式と同じ要領で σ_{ab} を展開すると,

$$\sigma_{ab} = \boldsymbol{w}'_{\mathcal{A}}\boldsymbol{\Sigma}\boldsymbol{w}_{\mathcal{B}}$$
$$= \begin{bmatrix} \mu_{\mathcal{A}} & 1 \end{bmatrix} \begin{bmatrix} C & -A \\ -A & B \end{bmatrix} \frac{1}{D} \begin{bmatrix} \boldsymbol{\mu}' \\ \boldsymbol{\iota}' \end{bmatrix} \boldsymbol{\Sigma}^{-1}\boldsymbol{\Sigma}\boldsymbol{\Sigma}^{-1} \begin{bmatrix} \boldsymbol{\mu} & \boldsymbol{\iota} \end{bmatrix} \frac{1}{D} \begin{bmatrix} C & -A \\ -A & B \end{bmatrix} \begin{bmatrix} \mu_{\mathcal{B}} \\ 1 \end{bmatrix}$$
$$= \frac{1}{D} \begin{bmatrix} \mu_{\mathcal{A}} & 1 \end{bmatrix} \begin{bmatrix} C & -A \\ -A & B \end{bmatrix} \begin{bmatrix} \mu_{\mathcal{B}} \\ 1 \end{bmatrix} = \frac{C\mu_{\mathcal{A}}\mu_{\mathcal{B}} - A(\mu_{\mathcal{A}} + \mu_{\mathcal{B}}) + B}{D},$$

となる. □

(iv) の証明

最小分散ポートフォリオの期待収益率を $\mu_\mathcal{P} = \mathrm{E}[\boldsymbol{w}'_\mathcal{P}\boldsymbol{R}]$ として，ゼロベータポートフォリオの期待収益率を $\mu_\mathcal{Z} = \mathrm{E}[\boldsymbol{w}'_\mathcal{Z}\boldsymbol{R}]$ とする. 定義と (4.26) 式より，

$$\mathrm{Cov}[\boldsymbol{w}'_\mathcal{P}\boldsymbol{R}, \boldsymbol{w}'_\mathcal{Z}\boldsymbol{R}] = \frac{C\mu_\mathcal{P}\mu_\mathcal{Z} - A(\mu_\mathcal{P} + \mu_\mathcal{Z}) + B}{D} = 0,$$

でなければならない. これは

$$\mu_\mathcal{Z} = \frac{A\mu_\mathcal{P} - B}{C\mu_\mathcal{P} - A},$$

であることを意味する. よって (4.27) 式が証明された. □

(v) の証明

(4.27) 式において $C\mu_\mathcal{P} - A \neq 0$ でなければならないのは自明である. もし $C\mu_\mathcal{P} - A = 0$ であるならば，$\mu_\mathcal{P} = A/C$ である. これは大域的最小分散ポートフォリオの期待収益率であるから，大域的最小分散ポートフォリオに対してはゼロベータポートフォリオが存在しないことがわかる. □

(vi) の証明

効率的フロンティア上の点 $(\sigma_\mathcal{A}, \mu_\mathcal{A})$ を考える. この点は期待収益率が $\mu_\mathcal{A}$，分散が $\sigma_\mathcal{A}^2$ である最小分散ポートフォリオに対応している. 効率的フロンティア (4.12) の接線の傾きは，

$$\frac{d\mu_\mathcal{P}}{d\sigma_\mathcal{P}} = \frac{1}{C}\frac{2DC\sigma_\mathcal{P}}{2\sqrt{D(C\sigma_\mathcal{P}^2 - 1)}} = \frac{D\sigma_\mathcal{P}}{C\mu_\mathcal{P} - A},$$

なので，$(\sigma_\mathcal{A}, \mu_\mathcal{A})$ を通る接線は

$$\mu_\mathcal{A} = \mu_\mathcal{P} + \frac{D\sigma_\mathcal{P}}{C\mu_\mathcal{P} - A}(\sigma_\mathcal{A} - \sigma_\mathcal{P})$$

$$= \mu_\mathcal{P} - \frac{D\sigma_\mathcal{P}^2}{C\mu_\mathcal{P} - A} + \frac{D\sigma_\mathcal{P}}{C\mu_\mathcal{P} - A}\sigma_\mathcal{A}, \tag{4.33}$$

となる. このとき (4.33) 式の切片は

$$\mu_\mathcal{P} - \frac{D\sigma_\mathcal{P}^2}{C\mu_\mathcal{P} - A} = \mu_\mathcal{P} - \frac{D}{C\mu_\mathcal{P} - A}\frac{C\mu_\mathcal{P}^2 - 2A\mu_\mathcal{P} + B}{D}$$

$$= \frac{\mu_\mathcal{P}(C\mu_\mathcal{P} - A) - (C\mu_\mathcal{P}^2 - 2A\mu_\mathcal{P} + B)}{C\mu_\mathcal{P} - A}$$

$$= \frac{A\mu_\mathcal{P} - B}{C\mu_\mathcal{P} - A} = \mu_\mathcal{Z},$$

と展開される. したがって，ゼロベータポートフォリオの期待収益率 $\mu_\mathcal{Z}$ は対応する

効率的フロンティア上の最小分散ポートフォリオの点 $(\sigma_\mathcal{A}, \mu_\mathcal{A})$ に接する直線 (4.33) の切片であることが示せた. □

(vii) の証明

任意のポートフォリオの投資比率を $\boldsymbol{w}_\mathcal{Q}$ とすると,その収益率は $R_\mathcal{Q} = \boldsymbol{w}_\mathcal{Q}' \boldsymbol{R}$ となり,期待収益率は $\mu_\mathcal{Q} = \boldsymbol{w}_\mathcal{Q}' \boldsymbol{\mu} =$ となる.$R_\mathcal{Q}$ と最小分散ポートフォリオの収益率 $R_\mathcal{P}$ の共分散は

$$
\begin{aligned}
\sigma_{\mathcal{QP}} &= \boldsymbol{w}_\mathcal{Q}' \boldsymbol{\Sigma} \boldsymbol{w}_\mathcal{P} \\
&= \boldsymbol{w}_\mathcal{Q}' \boldsymbol{\Sigma} \left(\frac{C\mu_\mathcal{P} - A}{D} \boldsymbol{\Sigma}^{-1} \boldsymbol{\mu} + \frac{B - A\mu_\mathcal{P}}{D} \boldsymbol{\Sigma}^{-1} \boldsymbol{\iota} \right) \\
&= \frac{C\mu_\mathcal{P} - A}{D} \boldsymbol{w}_\mathcal{Q}' \boldsymbol{\mu} + \frac{B - A\mu_\mathcal{P}}{D} \boldsymbol{w}_\mathcal{Q}' \boldsymbol{\iota} \\
&= \frac{C\mu_\mathcal{P} - A}{D} \mu_\mathcal{Q} + \frac{B - A\mu_\mathcal{P}}{D} \tag{4.34} \\
&= \frac{C\mu_\mathcal{P}\mu_\mathcal{Q} - A(\mu_\mathcal{P} + \mu_\mathcal{Q}) + B}{D}, \tag{4.35}
\end{aligned}
$$

として与えられる.(4.35) 式は (4.26) 式において $\mu_\mathcal{A}$ と $\mu_\mathcal{B}$ を $\mu_\mathcal{P}$ と $\mu_\mathcal{Q}$ に置き換えたものに等しい. □

(viii) の証明

(4.27) 式より,

$$
\mu_\mathcal{Z} = \frac{A\mu_\mathcal{P} - B}{C\mu_\mathcal{P} - A} \;\Rightarrow\; B - A\mu_\mathcal{P} = -\mu_\mathcal{Z}(C\mu_\mathcal{P} - A),
$$

となるから,(4.34) 式に代入すると

$$
\sigma_{\mathcal{QP}} = \frac{C\mu_\mathcal{P} - A}{D}(\mu_\mathcal{Q} - \mu_\mathcal{Z}),
$$

となる.さらに,(4.33) 式において $\mu_\mathcal{A} = \mu_\mathcal{P}$ とすると,切片が $\mu_\mathcal{Z}$ に等しいことから

$$
\mu_\mathcal{P} = \mu_\mathcal{Z} + \frac{D}{C\mu_\mathcal{P} - A}\sigma_\mathcal{P}^2 \;\Rightarrow\; \frac{C\mu_\mathcal{P} - A}{D} = \frac{\sigma_\mathcal{P}^2}{\mu_\mathcal{P} - \mu_\mathcal{Z}},
$$

がいえる.よって,

$$
\sigma_{\mathcal{QP}} = \frac{\sigma_\mathcal{P}^2}{\mu_\mathcal{P} - \mu_\mathcal{Z}}(\mu_\mathcal{Q} - \mu_\mathcal{Z}) \;\Rightarrow\; \mu_\mathcal{Q} = \mu_\mathcal{Z} + \frac{\sigma_{\mathcal{QP}}}{\sigma_\mathcal{P}^2}(\mu_\mathcal{P} - \mu_\mathcal{Z}),
$$

となり,(4.28) 式が成り立つことがわかる. □

(ix) の証明

1 つの資産 n から成るポートフォリオを考えて (4.28) 式を適用すれば (4.29) 式がいえる. □

4.4.3　安全資産を含む最小分散ポートフォリオ

ここでは収益率が不確定である N 個の資産に加えて収益率が R_f で確定された資産を組み込んでポートフォリオを構成できる場合を考えよう．ファイナンスでは収益率が不確定である資産を**危険資産**と呼び，収益率が確定されている資産のことを**安全資産**と呼ぶ．安全資産を固定金利の銀行預金と見なすことが多いので，安全資産の収益率を安全利子率と呼ぶこともある．N 個の危険資産の投資比率のベクトルを $\tilde{\boldsymbol{w}}$ とし安全資産の投資比率を $1 - \tilde{\boldsymbol{w}}'\boldsymbol{\iota}$ とすると，安全資産を含むポートフォリオの収益率は

$$R_{\mathcal{P}} = (1 - \tilde{\boldsymbol{w}}'\boldsymbol{\iota})R_f + \tilde{\boldsymbol{w}}'\boldsymbol{R} = R_f + \tilde{\boldsymbol{w}}'(\boldsymbol{R} - R_f\boldsymbol{\iota}),$$

として与えられる．このポートフォリオの期待収益率と分散は

$$\mu_{\mathcal{P}} = \mathrm{E}[R_{\mathcal{P}}] = R_f + \tilde{\boldsymbol{w}}'(\boldsymbol{\mu} - R_f\boldsymbol{\iota}), \quad \sigma_{\mathcal{P}}^2 = \mathrm{Var}[R_{\mathcal{P}}] = \tilde{\boldsymbol{w}}'\boldsymbol{\Sigma}\tilde{\boldsymbol{w}},$$

である．この場合の最小分散ポートフォリオの投資比率 $\tilde{\boldsymbol{w}}_{\mathcal{P}}$ は

$$\begin{aligned} \min_{\boldsymbol{w}} \quad & \mathrm{Var}[R_{\mathcal{P}}] = \tilde{\boldsymbol{w}}'\boldsymbol{\Sigma}\tilde{\boldsymbol{w}}, \\ \mathrm{s.t.} \quad & R_f + \tilde{\boldsymbol{w}}'(\boldsymbol{\mu} - R_f\boldsymbol{\iota}) = \mu_{\mathcal{P}}, \end{aligned} \tag{4.36}$$

の解として与えられる[*7]．(4.36) 式の解は，

$$\tilde{\boldsymbol{w}}_{\mathcal{P}} = \frac{\mu_{\mathcal{P}} - R_f}{CR_f^2 - 2AR_f + B}\boldsymbol{\Sigma}^{-1}(\boldsymbol{\mu} - R_f\boldsymbol{\iota}), \tag{4.37}$$

であり，最小分散フロンティアは

$$\sigma_{\mathcal{P}}^2 = \frac{(\mu_{\mathcal{P}} - R_f)^2}{CR_f^2 - 2AR_f + B}, \tag{4.38}$$

となる．

証明

ここでもラグランジュ乗数法で制約付き最小化問題 (4.36) を解く．ラグランジアン[*8]

$$\mathcal{L} = \frac{1}{2}\tilde{\boldsymbol{w}}'\boldsymbol{\Sigma}\tilde{\boldsymbol{w}} + \lambda\{R_f + \tilde{\boldsymbol{w}}'(\boldsymbol{\mu} - R_f\boldsymbol{\iota}) - \mu_{\mathcal{P}}\}, \tag{4.39}$$

に対する最小化のための 1 階の条件は

$$\frac{\partial \mathcal{L}}{\partial \tilde{\boldsymbol{w}}} = \boldsymbol{\Sigma}\tilde{\boldsymbol{w}} + \lambda(\boldsymbol{\mu} - R_f\boldsymbol{\iota}) = 0,$$

$$\frac{\partial \mathcal{L}}{\partial \lambda} = R_f + \tilde{\boldsymbol{w}}'(\boldsymbol{\mu} - R_f\boldsymbol{\iota}) - \mu_{\mathcal{P}} = 0,$$

[*7]　(4.36) 式では危険資産の投資比率の総和 $\tilde{\boldsymbol{w}}'\boldsymbol{\iota}$ は 1 に等しくなくてもかまわないので，制約式は危険資産のみの場合と比べて 1 つ少ない．

[*8]　(4.21) 式と同じく証明内の数式を見やすくするために目的関数に $\frac{1}{2}$ を掛けている．

である. 1 階の条件は

$$\begin{bmatrix} \boldsymbol{\Sigma} & \boldsymbol{\mu} - R_f \boldsymbol{\iota} \\ \boldsymbol{\mu}' - R_f \boldsymbol{\iota}' & 0 \end{bmatrix} \begin{bmatrix} \tilde{\boldsymbol{w}} \\ \lambda \end{bmatrix} = \begin{bmatrix} \mathbf{0} \\ \mu_{\mathcal{P}} - R_f \end{bmatrix}, \tag{4.40}$$

となるから, 危険資産のみの場合と同じ要領で解くことができる. 以前と同じ表記を用いて

$$\boldsymbol{A}_{11} = \boldsymbol{\Sigma}, \quad \boldsymbol{A}_{12} = \boldsymbol{\mu} - R_f \boldsymbol{\iota}, \quad \boldsymbol{A}_{22} = 0,$$

とすると, 分割行列の逆行列の公式 (4.24) より,

$$\boldsymbol{F}_2 = -\frac{1}{(\boldsymbol{\mu} - R_f \boldsymbol{\iota})' \boldsymbol{\Sigma}^{-1} (\boldsymbol{\mu} - R_f \boldsymbol{\iota})} = -\frac{1}{CR_f^2 - 2AR_f + B},$$

となる[*9)]. 分割行列の公式を適用して 1 階の条件を解くと, 最小分散ポートフォリオにおける危険資産の投資比率は

$$\begin{aligned}
\tilde{\boldsymbol{w}}_{\mathcal{P}} &= -\boldsymbol{A}_{11}^{-1} \boldsymbol{A}_{12} \boldsymbol{F}_2 (\mu_{\mathcal{P}} - R_f) \\
&= \frac{\mu_{\mathcal{P}} - R_f}{CR_f^2 - 2AR_f + B} \boldsymbol{\Sigma}^{-1} (\boldsymbol{\mu} - R_f \boldsymbol{\iota}),
\end{aligned}$$

として求まる. これで (4.37) 式が示された. すると最小分散ポートフォリオの収益率の分散 $\sigma_{\mathcal{P}}^2$ は

$$\begin{aligned}
\sigma_{\mathcal{P}}^2 &= \tilde{\boldsymbol{w}}_{\mathcal{P}}' \boldsymbol{\Sigma} \tilde{\boldsymbol{w}}_{\mathcal{P}} \\
&= \left(\frac{\mu_{\mathcal{P}} - R_f}{CR_f^2 - 2AR_f + B} \right)^2 (\boldsymbol{\mu} - R_f \boldsymbol{\iota})' \boldsymbol{\Sigma}^{-1} \boldsymbol{\Sigma} \boldsymbol{\Sigma}^{-1} (\boldsymbol{\mu} - R_f \boldsymbol{\iota}) \\
&= \frac{(\mu_{\mathcal{P}} - R_f)^2}{CR_f^2 - 2AR_f + B},
\end{aligned}$$

として与えられるので, 最小分散フロンティアが (4.38) 式として導かれる. □

最小分散フロンティア (4.38) を期待収益率 $\mu_{\mathcal{P}}$ と標準偏差 $\sigma_{\mathcal{P}}$ の関係で表すと,

$$\mu_{\mathcal{P}} = \begin{cases} R_f + \sigma_{\mathcal{P}} \sqrt{CR_f^2 - 2AR_f + B}, & (\mu_{\mathcal{P}} \geqq R_f), \\ R_f - \sigma_{\mathcal{P}} \sqrt{CR_f^2 - 2AR_f + B}, & (\mu_{\mathcal{P}} < R_f), \end{cases} \tag{4.41}$$

となる. (4.41) 式において $\mu_{\mathcal{P}} < R_f$ の部分は $\mu_{\mathcal{P}} \geqq R_f$ の部分の下にあるので, 同

[*9)] $\boldsymbol{F}_2$ の分母は

$$CR_f^2 - 2AR_f + B = C \left(R_f - \frac{A}{C} \right)^2 + \frac{D}{C},$$

と書き直される. $C > 0$ および $D > 0$ であるから, 必ず $CR_f^2 - 2AR_f + B > 0$ である.

じリスク $\sigma_{\mathcal{P}}$ に対して必ず低い期待収益率 $\mu_{\mathcal{P}}$ しか得られない. よって, 危険回避的な投資家は (4.41) 式の $\mu_{\mathcal{P}} < R_f$ の部分上のポートフォリオは選択しないことになる. よって, 安全資産を含む場合の効率的フロンティアは, 最小分散フロンティア (4.41) の $\mu_{\mathcal{P}} \geqq R_f$ の部分である.

安全資産を含む最小分散ポートフォリオの重要な性質は以下の通りである.

安全資産を含む最小分散ポートフォリオの性質

(i) 全危険資産の投資比率と安全資産の投資比率は,

$$\tilde{\boldsymbol{w}}'_{\mathcal{P}}\boldsymbol{\iota} = \frac{(\mu_{\mathcal{P}} - R_f)(A - CR_f)}{CR_f^2 - 2AR_f + B}, \tag{4.42}$$

$$1 - \tilde{\boldsymbol{w}}'_{\mathcal{P}}\boldsymbol{\iota} = \frac{C\mu_{\mathcal{P}}R_f - A(\mu_{\mathcal{P}} + R_f) + B}{CR_f^2 - 2AR_f + B}, \tag{4.43}$$

である.

(ii) $\boldsymbol{w}_{\mathcal{T}} = \tilde{\boldsymbol{w}}_{\mathcal{P}}/(\tilde{\boldsymbol{w}}'_{\mathcal{P}}\boldsymbol{\iota})$ と定義すると, $\boldsymbol{w}_{\mathcal{T}}$ は危険資産のみからなる最小分散ポートフォリオの投資比率になっている.

(iii) $\boldsymbol{w}_{\mathcal{T}}$ による危険資産のみからなるポートフォリオの期待収益率と分散を $\mu_{\mathcal{T}}$ および $\sigma_{\mathcal{T}}^2$ と表記する. $R_f \neq A/C$ ならば, $(\sigma_{\mathcal{T}}, \mu_{\mathcal{T}})$ は安全資産を含む最小分散フロンティア (4.41) と危険資産のみからなる最小分散フロンティア (4.12) の接点である. (この性質より $\boldsymbol{w}_{\mathcal{T}}$ によるポートフォリオは接点ポートフォリオと呼ばれる.) $R_f = A/C$ ならば, 接点ポートフォリオは存在しない.

(iv) **(1 基金定理)** 接点ポートフォリオが存在する場合, 任意の安全資産を含む最小分散ポートフォリオは安全資産と接点ポートフォリオから作成可能である.

(v) 任意の危険資産のみからなる最小分散とは限らないポートフォリオの期待収益率 $\mu_{\mathcal{Q}}$ と安全資産を含む最小分散ポートフォリオの期待収益率 $\mu_{\mathcal{P}}$ の間には

$$\mu_{\mathcal{Q}} = R_f + \frac{\sigma_{\mathcal{QP}}}{\sigma_{\mathcal{P}}^2}(\mu_{\mathcal{P}} - R_f), \tag{4.44}$$

という関係が成り立つ.

(vi) 危険資産 $n \, (= 1, \ldots, N)$ の期待収益率 μ_n と安全資産を含む最小分散ポートフォリオの期待収益率 $\mu_{\mathcal{P}}$ の間には

$$\mu_n = R_f + \beta_{n\mathcal{P}}(\mu_{\mathcal{P}} - R_f), \quad \beta_{n\mathcal{P}} = \frac{\sigma_{n\mathcal{P}}}{\sigma_{\mathcal{P}}^2}, \quad \sigma_{n\mathcal{P}} = \text{Cov}[R_n, R_{\mathcal{P}}], \tag{4.45}$$

という関係が成り立つ.

(i) の証明

全危険資産の投資比率は (4.37) 式を使うと,

$$\tilde{\boldsymbol{w}}'_{\mathcal{P}}\boldsymbol{\iota} = \frac{\mu_{\mathcal{P}} - R_f}{CR_f^2 - 2AR_f + B}(\boldsymbol{\mu}'\boldsymbol{\Sigma}^{-1}\boldsymbol{\iota} - R_f\boldsymbol{\iota}'\boldsymbol{\Sigma}^{-1}\boldsymbol{\iota})$$

$$= \frac{(\mu_{\mathcal{P}} - R_f)(A - CR_f)}{CR_f^2 - 2AR_f + B},$$

として与えられる. また, 安全資産の投資比率は $1 - \tilde{\boldsymbol{w}}_{\mathcal{P}}$ だから,

$$1 - \tilde{\boldsymbol{w}}'_{\mathcal{P}}\boldsymbol{\iota} = 1 - \frac{(\mu_{\mathcal{P}} - R_f)(A - CR_f)}{CR_f^2 - 2AR_f + B}$$

$$= \frac{C\mu_{\mathcal{P}}R_f - A(\mu_{\mathcal{P}} + R_f) + B}{CR_f^2 - 2AR_f + B},$$

となる. よって, (4.42) 式と (4.43) 式が導出された.   □

(ii) の証明

2 基金定理により, 任意の危険資産のみからなる最小分散ポートフォリオが (4.11) 式と (4.30) 式で与えられた 2 つの投資比率

$$\boldsymbol{w}_{\mathcal{G}} = \frac{1}{C}\boldsymbol{\Sigma}^{-1}\boldsymbol{\iota}, \quad \boldsymbol{w}_{\mathcal{H}} = \frac{1}{A}\boldsymbol{\Sigma}^{-1}\boldsymbol{\mu},$$

のアフィン結合で表されることを利用する. (4.37) 式と (4.42) 式より, $\tilde{\boldsymbol{w}}_{\mathcal{T}}$ は

$$\boldsymbol{w}_{\mathcal{T}} = \frac{\tilde{\boldsymbol{w}}_{\mathcal{P}}}{\tilde{\boldsymbol{w}}'_{\mathcal{P}}\boldsymbol{\iota}} = \frac{CR_f^2 - 2AR_f + B}{(\mu_{\mathcal{P}} - R_f)(A - CR_f)} \times \frac{\mu_{\mathcal{P}} - R_f}{CR_f^2 - 2AR_f + B}\boldsymbol{\Sigma}^{-1}(\boldsymbol{\mu} - R_f\boldsymbol{\iota})$$

$$= \frac{1}{A - CR_f}\boldsymbol{\Sigma}^{-1}(\boldsymbol{\mu} - R_f\boldsymbol{\iota})$$

$$= \frac{A}{A - CR_f} \times \frac{1}{A}\boldsymbol{\Sigma}^{-1}\boldsymbol{\mu} - \frac{CR_f}{A - CR_f} \times \frac{1}{C}\boldsymbol{\Sigma}^{-1}\boldsymbol{\iota}$$

$$= t\boldsymbol{w}_{\mathcal{H}} + (1-t)\boldsymbol{w}_{\mathcal{G}}, \quad t = \frac{A}{A - CR_f},$$

と展開される. $\boldsymbol{w}_{\mathcal{T}}$ は $\boldsymbol{w}_{\mathcal{H}}$ と $\boldsymbol{w}_{\mathcal{G}}$ のアフィン結合で表されるから, $\boldsymbol{w}_{\mathcal{T}}$ は危険資産のみからなる場合の最小分散ポートフォリオの投資比率であることが示された.   □

(iii) の証明

$\boldsymbol{w}_{\mathcal{T}}$ で作られる危険資産のみからなる最小分散ポートフォリオの収益率 $R_{\mathcal{T}} = \boldsymbol{w}'_{\mathcal{T}}\boldsymbol{R}$ の平均 $\mu_{\mathcal{T}} = \mathrm{E}[R_{\mathcal{T}}]$ と分散 $\sigma_{\mathcal{T}}^2 = \mathrm{Var}[R_{\mathcal{T}}]$ は,

$$\mu_T = \boldsymbol{w}_T'\boldsymbol{\mu} = \frac{1}{A - CR_f}(\boldsymbol{\mu}'\boldsymbol{\Sigma}^{-1}\boldsymbol{\mu} - R_f\boldsymbol{\iota}'\boldsymbol{\Sigma}^{-1}\mu) = \frac{B - AR_f}{A - CR_f},$$

および

$$
\begin{aligned}
\sigma_T^2 &= \boldsymbol{w}_T'\boldsymbol{\Sigma}^{-1}\boldsymbol{w}_T \\
&= \frac{1}{(A - CR_f)^2}(\boldsymbol{\mu} - R_f\boldsymbol{\iota})'\boldsymbol{\Sigma}^{-1}\boldsymbol{\Sigma}\boldsymbol{\Sigma}^{-1}(\boldsymbol{\mu} - R_f\boldsymbol{\iota}) \\
&= \frac{CR_f^2 - 2AR_f + B}{(A - CR_f)^2},
\end{aligned}
$$

である．(σ_T, μ_T) が危険資産のみの場合の最小分散フロンティア (4.12) 上にあることは既に (ii) で証明したから，(σ_T, μ_T) が安全資産を含む場合の最小分散フロンティア (4.41) 上にあることを示そう．(4.38) 式右辺の分子の μ_P に μ_T を代入すると，

$$
\begin{aligned}
\frac{(\mu_T - R_f)^2}{CR_f^2 - 2AR_f + B} &= \frac{1}{CR_f^2 - 2AR_f + B}\left(\frac{B - AR_f}{A - CR_f} - R_f\right)^2 \\
&= \frac{1}{CR_f^2 - 2AR_f + B}\frac{(CR_f^2 - 2AR_f + B)^2}{(A - CR_f)^2} \\
&= \frac{CR_f^2 - 2AR_f + B}{(A - CR_f)^2} = \sigma_T^2,
\end{aligned}
$$

となる．よって，(σ_T, μ_T) が (4.41) 式上の点であることがわかる．

次に (σ_T, μ_T) で (4.12) 式と (4.41) 式が同じ傾きを持つことを示そう．(σ_T, μ_T) での (4.12) 式の傾きは

$$
\begin{aligned}
\frac{d\mu_T}{d\sigma_T} &= \frac{D\sigma_T}{C\mu_T - A} \\
&= \frac{BC - A^2}{C(B - AR_f)/(A - CR_f) - A} \times \frac{\pm\sqrt{CR_f^2 - 2AR_f + B}}{A - CR_f} \\
&= \begin{cases} \sqrt{CR_f^2 - 2AR_f + B}, & (R_f \leqq A/C), \\ -\sqrt{CR_f^2 - 2AR_f + B}, & (R_f > A/C), \end{cases}
\end{aligned}
$$

である．もし $R_f < A/C < \mu_T$ ならば，(σ_T, μ_T) で (4.12) 式と (4.41) 式の傾きは共に $\sqrt{CR_f^2 - 2AR_f + B}$ となり，(4.41) 式の上側の直線が (σ_T, μ_T) 上で (4.12) 式の上半分に接することになる．一方，$R_f > A/C > \mu_T$ ならば，(σ_T, μ_T) で (4.12) 式と (4.41) 式の傾きは共に $-\sqrt{CR_f^2 - 2AR_f + B}$ となり，(4.41) 式の下側の直線が (σ_T, μ_T) で (4.12) 式の下半分に接することになる．

最後に $R_f = A/C$ の場合，(4.41) 式は

$$
\mu_P = \begin{cases} A/C + \sigma_P\sqrt{D/C}, & (\mu_T \geqq A/C), \\ A/C - \sigma_P\sqrt{D/C}, & (\mu_T < A/C), \end{cases}
$$

となる．これは $\sigma_{\mathcal{P}} \to \infty$ としたときの (4.12) 式の漸近線であるから，(4.41) 式は (4.12) 式に接することはない．よって，接点ポートフォリオは存在しない[*10]．　□

(iv) の証明

安全資産の投資比率を $w_f = 1 - \tilde{\boldsymbol{w}}'_{\mathcal{P}}\boldsymbol{\iota}$ と表記すると，安全資産を含む最小分散ポートフォリオの収益率 $R_{\mathcal{P}}$ は

$$
\begin{aligned}
R_{\mathcal{P}} &= (1 - \tilde{\boldsymbol{w}}'_{\mathcal{P}}\boldsymbol{\iota})R_f + \tilde{\boldsymbol{w}}'_{\mathcal{P}}\boldsymbol{R} \\
&= (1 - \tilde{\boldsymbol{w}}'_{\mathcal{P}}\boldsymbol{\iota})R_f + (\tilde{\boldsymbol{w}}'_{\mathcal{P}}\boldsymbol{\iota})\boldsymbol{w}'_{\mathcal{T}}\boldsymbol{R} \\
&= w_f R_f + (1 - w_f)R_{\mathcal{T}},
\end{aligned}
$$

という形になる．よって，任意の安全資産を含む最小分散ポートフォリオを安全資産と接点ポートフォリオからなるポートフォリオとして作成することができる．　□

(v) の証明

任意の危険資産のみからなる最小分散とは限らないポートフォリオの投資比率を $\boldsymbol{w}_{\mathcal{Q}}$ とすると，$\sigma_{\mathcal{QP}} = \mathrm{Cov}[R_{\mathcal{Q}}, R_{\mathcal{P}}]$ は

$$
\begin{aligned}
\sigma_{\mathcal{QP}} &= \mathrm{Cov}[R_{\mathcal{Q}}, R_{\mathcal{P}}] = (1 - w_f)\mathrm{Cov}[R_{\mathcal{Q}}, R_{\mathcal{T}}] \\
&= (1 - w_f)\boldsymbol{w}'_{\mathcal{Q}}\boldsymbol{\Sigma}^{-1}\boldsymbol{w}_{\mathcal{T}} \\
&= \frac{(\mu_{\mathcal{P}} - R_f)(A - CR_f)}{CR_f^2 - 2AR_f + B} \times \frac{1}{A - CR_f}\boldsymbol{w}'_{\mathcal{Q}}\boldsymbol{\Sigma}\boldsymbol{\Sigma}^{-1}(\boldsymbol{\mu} - R_f\boldsymbol{\iota}) \\
&= \frac{(\mu_{\mathcal{P}} - R_f)(A - CR_f)}{CR_f^2 - 2AR_f + B} \times \frac{\mu_{\mathcal{Q}} - R_f}{A - CR_f} \\
&= \frac{(\mu_{\mathcal{P}} - R_f)(\mu_{\mathcal{Q}} - R_f)}{CR_f^2 - 2AR_f + B},
\end{aligned}
$$

として与えられる．$(\sigma_{\mathcal{P}}, \mu_{\mathcal{P}})$ が効率的フロンティア上にあると仮定すると $\mu_{\mathcal{P}} > R_f$ だから，(4.38) 式より

$$
\mu_{\mathcal{Q}} - R_f = \frac{CR_f^2 - 2AR_f + B}{(\mu_{\mathcal{P}} - R_f)^2} \times \sigma_{\mathcal{QP}}(\mu_{\mathcal{P}} - R_f) \Rightarrow \mu_{\mathcal{Q}} = R_f + \frac{\sigma_{\mathcal{QP}}}{\sigma_{\mathcal{P}}^2}(\mu_{\mathcal{P}} - R_f),
$$

として (4.44) 式が導出される．　□

(vi) の証明

危険資産 n のみからなるポートフォリオに (4.44) 式を適用するだけである．　□

[*10]　(4.42) 式に $R_f = A/C$ を代入すると $\tilde{\boldsymbol{w}}'_{\mathcal{P}}\boldsymbol{\iota} = 0$ となる．したがって，$R_f = A/C$ であるならば投資家は安全資産のみに投資することになる．ここで A/C が大域的最小分散ポートフォリオの期待収益率であったことを思い出そう．確実に保証されている安全資産の収益率と最も分散の小さいポートフォリオ（大域的最小分散ポートフォリオ）の期待収益率が同じであるときに，危険回避的な投資家が安全資産のみに投資するという結論は自然であろう．

5 資産運用における最適化問題とその数値的解法

　第4章で議論した平均分散アプローチは，構築したポートフォリオの収益率（ポートフォリオの市場価値の変化率と同値）の分散を，リスクを計測する上での規準（リスク測度）として使用している．この背景には投資家は自身が保有するポートフォリオの市場価値の過度の変動を嫌う（これをリスク回避的であるという）という仮定がある．しかし，ポートフォリオの市場価値の変動を測るための尺度は分散だけではない．また，分散は市場価値の上昇も下落も同じように投資家にとって望ましくない事態として扱っているが，保有資産の市場価値が上がることは必ずしも投資家にとって悪いことではない．さらに目標期待収益率を追求することを諦め，分散投資によりリスクを軽減することを主たる目的とする運用スタイルも注目されている．本章では，分散に変わる様々なリスク測度を使用したポートフォリオ選択問題を紹介し，その解をPythonで求める方法を解説する．

5.1　リスク測度最小化によるポートフォリオ選択問題

　一般に最適化問題は

$$\min_{\text{変数}} \quad \text{目的関数}$$
$$\text{s.t.} \quad \text{変数に関する制約式} \tag{5.1}$$

という形をしている．変数に関する制約式には等号制約と不等号制約がある．第4章で解説した平均分散アプローチの分散最小化問題 (4.19) では，目的関数に分散

$$\frac{1}{T}\sum_{t=1}^{T} v_t^2,$$

変数に関する制約式としては

等号制約: $\boldsymbol{Dw} = \boldsymbol{v}, \quad \boldsymbol{w}'\boldsymbol{\mu} = \mu_{\mathcal{P}}, \quad \boldsymbol{w}'\boldsymbol{\iota} = 1,$

不等号制約: $w_1 \geqq 0, \cdots, w_N \geqq 0,$

を使用した．第4章で解説した平均分散アプローチに代表されるポートフォリオ選択

問題を一般的な表現にまとめると以下のように定式化される.

$$\min_{\boldsymbol{w}} \quad \varrho(\boldsymbol{w}),$$

$$\text{s.t.} \quad \boldsymbol{w}'\boldsymbol{\mu} = \mu_{\mathcal{P}}, \quad \boldsymbol{w}'\boldsymbol{\iota} = 1,$$

$$w_1 \geqq 0, \quad \cdots, \quad w_N \geqq 0, \tag{5.2}$$

$$\text{その他の制約式.}$$

変数の定義は第 4 章のものを踏襲している. (5.2) 式では空売り制約を加えているが, これは必ずしも課さなければならない制約ではない. (4.19) 式の $\boldsymbol{Dw} = \boldsymbol{v}$ のように必要に応じて追加の制約式を入れることもある.

　(5.2) 式の最適化問題は, 決められた目標期待収益率 $\mu_{\mathcal{P}}$ を達成するような投資比率 $\boldsymbol{w}$ の中から目的関数を最小にするものを求める問題となっている. ポートフォリオ選択問題の文脈では, $\boldsymbol{w}$ の関数 $\varrho(\boldsymbol{w})$ は投資比率 $\boldsymbol{w}$ のポートフォリオが直面する「リスクの度合い」と解釈される. 以下では $\varrho(\boldsymbol{w})$ をリスク測度と呼ぶことにしよう. ポートフォリオ選択問題で使用されるリスク測度としては, 第 4 章で詳しく解説した分散 $\mathrm{E}[(R_{\mathcal{P}} - \mu_{\mathcal{P}})^2]$ に加えて

- 平均絶対偏差: $\mathrm{E}[|R_{\mathcal{P}} - \mu_{\mathcal{P}}|]$
- 下方半分散: $\mathrm{E}[(R_{\mathcal{P}} - \mu_{\mathcal{P}})^2 | R_{\mathcal{P}t} \leqq \mu_{\mathcal{P}}]$
- 期待ショートフォール: $\mathrm{E}[-R_{\mathcal{P}} | R_{\mathcal{P}} \leqq \mathrm{VaR}_\alpha]$, $(\mathrm{Pr}(R_{\mathcal{P}} \leqq \mathrm{VaR}_\alpha) = \alpha)$

などが考えられる. 本節では様々なリスク測度 $\varrho(\boldsymbol{w})$ に対するポートフォリオ選択問題の定式化を説明すると共に, Python でポートフォリオ選択問題を解く演習を行う.

5.1.1　平均絶対偏差

　ポートフォリオの収益率 $R_{\mathcal{P}}$ の分散 $\mathrm{Var}[R_{\mathcal{P}}] = \mathrm{E}[(R_{\mathcal{P}} - \mu_{\mathcal{P}})^2]$ の代わりに期待収益率 $\mu_{\mathcal{P}}$ からの偏差 $R_{\mathcal{P}} - \mu_{\mathcal{P}}$ の絶対値の期待値 $\mathrm{E}[|R_{\mathcal{P}} - \mu_{\mathcal{P}}|]$（これは**平均絶対偏差**と呼ばれる）をリスク測度として使うことができる（Konno and Yamazaki (1991) を参照）. この場合, ポートフォリオ選択問題 (5.2) において (4.16) 式の標本分散 $\frac{1}{T}\sum_{t=1}^{T}(r_{\mathcal{P}t} - \bar{r}_{\mathcal{P}})^2$ の代わりに標本平均絶対偏差

$$\varrho^{AD}(\boldsymbol{w}) = \frac{1}{T}\sum_{t=1}^{T} |r_{\mathcal{P}t} - \bar{r}_{\mathcal{P}}|, \tag{5.3}$$

を使うことになる. $v_t = r_{\mathcal{P}t} - \bar{r}_{\mathcal{P}}$ と定義して (4.19) 式と同じ変数の定義を使うと, 平均絶対偏差最小化問題は

$$\min_{\boldsymbol{w}, \boldsymbol{v}} \varrho^{AD}(\boldsymbol{w}) = \frac{1}{T} \sum_{t=1}^{T} |v_t|,$$

$$\text{s.t.} \quad \boldsymbol{Dw} = \boldsymbol{v}, \quad \boldsymbol{w}'\bar{\boldsymbol{r}} = \mu_{\mathcal{P}}, \quad \boldsymbol{w}'\boldsymbol{\iota} = 1, \tag{5.4}$$

$$w_1 \geqq 0, \cdots, w_N \geqq 0.$$

と定式化される.

▶ 平均絶対偏差最小化問題

コード 5.1 pyfin_ad_portfolio.py

```python
# -*- coding: utf-8 -*-
#   NumPy の読み込み
import numpy as np
#   CVXPY の読み込み
import cvxpy as cvx
#   Pandas の読み込み
import pandas as pd
#   Matplotlib の Pyplot モジュールの読み込み
import matplotlib.pyplot as plt
#     日本語フォントの設定
from matplotlib.font_manager import FontProperties
import sys
if sys.platform.startswith('win'):
    FontPath = 'C:\Windows\Fonts\meiryo.ttc'
elif sys.platform.startswith('darwin'):
    FontPath = '/System/Library/Fonts/ヒラギノ角ゴシック W4.ttc'
elif sys.platform.startswith('linux'):
    FontPath = '/usr/share/fonts/truetype/takao-gothic/TakaoExGothic.ttf'
jpfont = FontProperties(fname=FontPath)
#%% 収益率データの読み込み
R = pd.read_csv('asset_return_data.csv', index_col=0)
T = R.shape[0]
N = R.shape[1]
Mu = R.mean().values
Return_Dev = (R - Mu).values/T
#%% 平均絶対偏差最小化問題の設定
Weight = cvx.Variable(N)
Deviation = cvx.Variable(T)
Target_Return = cvx.Parameter(sign='positive')
Risk_AD = cvx.norm(Deviation,1)
Opt_Portfolio = cvx.Problem(cvx.Minimize(Risk_AD),
                    [Return_Dev*Weight == Deviation,
                     Weight.T*Mu == Target_Return,
                     cvx.sum_entries(Weight) == 1.0,
```

```
35                          Weight >= 0.0])
36 #%% 最小平均絶対偏差フロンティアの計算
37 V_Target = np.linspace(Mu.min(), Mu.max(), num=250)
38 V_Risk = np.zeros(V_Target.shape)
39 for idx, Target_Return.value in enumerate(V_Target):
40     Opt_Portfolio.solve()
41     V_Risk[idx] = Risk_AD.value
42 #%% 最小平均絶対偏差フロンティアのグラフの作成
43 fig1 = plt.figure(1, facecolor='w')
44 plt.plot(V_Risk, V_Target, 'k-')
45 plt.plot((R - Mu).abs().mean().values, Mu, 'kx')
46 plt.legend([u'最小平均絶対偏差フロンティア', u'個別資産'],
47           loc='best', frameon=False, prop=jpfont)
48 plt.xlabel(u'平均絶対偏差 (%)', fontproperties=jpfont)
49 plt.ylabel(u'期待収益率 (%)', fontproperties=jpfont)
50 plt.show()
```

　コード 5.1 が (5.4) 式の平均絶対偏差最小化問題を解くための Python コードである．基本的には第 4 章のコード 4.4 と比べて大きく変わらない．主な違いは以下で示されている目的関数の設定の差である．

```
20 #%% 収益率データの読み込み
21 R = pd.read_csv('asset_return_data.csv', index_col=0)
22 T = R.shape[0]
23 N = R.shape[1]
24 Mu = R.mean().values
25 Return_Dev = (R - Mu).values/T
26 #%% 平均絶対偏差最小化問題の設定
27 Weight = cvx.Variable(N)
28 Deviation = cvx.Variable(T)
29 Target_Return = cvx.Parameter(sign='positive')
30 Risk_AD = cvx.norm(Deviation,1)
31 Opt_Portfolio = cvx.Problem(cvx.Minimize(Risk_AD),
32                           [Return_Dev*Weight == Deviation,
33                            Weight.T*Mu == Target_Return,
34                            cvx.sum_entries(Weight) == 1.0,
35                            Weight >= 0.0])
```

　第 30 行の cvx.norm(Deviation,1) は，ポートフォリオの収益率の標本平均からの偏差を格納している NumPy 配列 Deviation の各要素の絶対値の和（ℓ_1 ノルムと呼ばれる[*1]）を返す関数である．そして，第 31 行でこれを目的関数として使うことを

[*1]　一般にベクトル $\boldsymbol{x} = [x_1; \cdots ; x_N]$ の ℓ_1 ノルムは

宣言している．しかし，このままでは平均絶対偏差とはならないので，第 25 行で制約式に使う Return_Dev を作る際に T で割って，(5.4) 式を

$$\min_{\boldsymbol{w},\boldsymbol{v}} \quad T\varrho^{AD}(\boldsymbol{w}) = \sum_{t=1}^{T} |v_t|,$$
$$\text{s.t.} \quad \frac{1}{T}\boldsymbol{D}\boldsymbol{w} = \boldsymbol{v}, \quad \boldsymbol{w}'\bar{\boldsymbol{r}} = \mu_{\mathcal{P}}, \quad \boldsymbol{w}'\boldsymbol{\iota} = 1, \tag{5.5}$$
$$w_1 \geqq 0, \cdots, w_N \geqq 0.$$

という ℓ_1 ノルム最小化問題に変換している．(5.5) 式と (5.4) 式の差異は目的関数が T で割られているかいないかに過ぎないため，両者の解に違いはない．

コード 5.1 の残りの部分では，基本的にコード 4.4 と同じような文が並んでいるが，

```
45 | plt.plot((R - Mu).abs().mean().values, Mu, 'kx')
```

の中の (R - Mu).abs().mean() は Pandas のデータフレームの絶対値をとるメソッド .abs() と平均を求めるメソッド .mean() を続けて適用することで資産ごとの標本平均絶対偏差を求めている．これはコード 5.1 で作成した図 5.1 で個別資産を x でプロットするために使われている．

Python コード 5.1 を実行して作成した図 5.1 の最小平均絶対偏差によるフロンティアは，平均分散アプローチで作成した図 4.2 の空売り制約を課した方のフロンティアとよく似た形状をしている．もちろん図 5.1 の横軸は標準偏差ではなく平均絶対偏差であるのだが，平均分散アプローチと同様のリターン（期待収益率）とリスク（平均絶対偏差）のトレードオフが (5.4) 式の平均絶対偏差最小化によるポートフォリオ選択問題にも存在することがわかる．リスク測度を平均絶対偏差 (5.3) に置き換えても，投資家がリターンとリスクのバランスを考えてフロンティア上から最適なポートフォリオを選ぶことに変わりはない．

(5.4) 式や (5.5) 式の目的関数は絶対値の和の形をしているため，$v_t = 0$ の点で微分できない．このこと自体は最小化問題を解くことの妨げにはならないが，これをもっと簡単な線形計画問題（目的関数が線形である最適化問題）に書き直せることが知ら

$$\|\boldsymbol{x}\|_1 = \sum_{n=1}^{N} |x_n|,$$

と定義される．ちなみに (4.20) 式の分散最小化問題は ℓ_2 ノルム（ユークリッド・ノルムともいう）

$$\|\boldsymbol{x}\|_2 = \sqrt{\sum_{n=1}^{N} x_n^2},$$

を最小化する問題と解釈される．

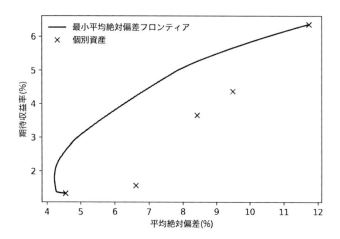

図 **5.1**　平均絶対偏差をリスク測度としたときのフロンティア

れている. それを紹介しよう.

$$x^+ = \max\{x, 0\}, \quad x^- = \max\{-x, 0\},$$

と定義すると, 標本平均からの偏差 $r_{\mathcal{P}t} - \bar{r}_{\mathcal{P}}$ は

$$r_{\mathcal{P}t} - \bar{r}_{\mathcal{P}} = (r_{\mathcal{P}t} - \bar{r}_{\mathcal{P}})^+ - (r_{\mathcal{P}t} - \bar{r}_{\mathcal{P}})^-,$$

のように正の部分と負の部分に分解できる. このことを利用すると, 絶対偏差を

$$|r_{\mathcal{P}t} - \bar{r}_{\mathcal{P}}| = (r_{\mathcal{P}t} - \bar{r}_{\mathcal{P}})^+ + (r_{\mathcal{P}t} - \bar{r}_{\mathcal{P}})^-,$$

と表現できる. さらに

$$v_t = (r_{\mathcal{P}t} - \bar{r}_{\mathcal{P}})^-,$$

と定義すると

$$(r_{\mathcal{P}t} - \bar{r}_{\mathcal{P}})^+ = r_{\mathcal{P}t} - \bar{r}_{\mathcal{P}} + v_t,$$

と書き直される. したがって, 標本平均絶対偏差 (5.3) は

$$
\begin{aligned}
\varrho^{AD}(\boldsymbol{w}) &= \frac{1}{T}\sum_{t=1}^{T}(r_{\mathcal{P}t} - \bar{r}_{\mathcal{P}})^+ + \frac{1}{T}\sum_{t=1}^{T}(r_{\mathcal{P}t} - \bar{r}_{\mathcal{P}})^- \\
&= \frac{1}{T}\sum_{t=1}^{T}(r_{\mathcal{P}t} - \bar{r}_{\mathcal{P}} + v_t) + \frac{1}{T}\sum_{t=1}^{T}v_t \\
&= \frac{2}{T}\sum_{t=1}^{T}v_t + \underbrace{\frac{1}{T}\sum_{t=1}^{T}(r_{\mathcal{P}t} - \bar{r}_{\mathcal{P}})}_{0} = \frac{2}{T}\sum_{t=1}^{T}v_t,
\end{aligned}
$$

となる. つまり, 標本平均絶対偏差 $\varrho_{AD}(\boldsymbol{w})$ は偏差の負の部分の算術平均に 2 を掛けたものに等しいことがわかる. 定義より

$$\begin{cases} (r_{\mathcal{P}t} - \bar{r}_{\mathcal{P}})^- = v_t \geqq 0, \\ (r_{\mathcal{P}t} - \bar{r}_{\mathcal{P}})^+ = r_{\mathcal{P}t} - \bar{r}_{\mathcal{P}} + v_t \geqq 0, \end{cases} \quad (t = 1, \ldots, T), \qquad (5.6)$$

であるから, これらを新しい制約式として追加しなければならない. 以上をまとめると平均絶対偏差最小化問題 (5.4) は,

$$\begin{aligned} \min_{\boldsymbol{w}, \boldsymbol{v}} \quad & \frac{1}{2}\varrho^{AD}(\boldsymbol{w}) = \frac{1}{T}\sum_{t=1}^{T} v_t, \\ \text{s.t.} \quad & \boldsymbol{w}'\bar{\boldsymbol{r}} = \mu_{\mathcal{P}}, \quad \boldsymbol{w}'\boldsymbol{\iota} = 1, \\ & w_1 \geqq 0, \cdots, w_N \geqq 0, \quad v_1 \geqq 0, \cdots, v_T \geqq 0, \\ & r_{\mathcal{P}1} - \bar{r}_{\mathcal{P}} + v_1 \geqq 0, \cdots, r_{\mathcal{P}T} - \bar{r}_{\mathcal{P}} + v_T \geqq 0, \end{aligned} \qquad (5.7)$$

という線形計画問題に帰着される (目的関数に 2 を掛けても掛けなくても解に影響はない).

(5.7) 式の平均絶対偏差最小化問題を Python で解くには, コード 5.1 の第 30〜35 行を以下のものに置き換えるとよい.

```
Risk_AD = cvx.sum_entries(Deviation)
Opt_Portfolio = cvx.Problem(cvx.Minimize(Risk_AD),
                    [Mu.T*Weight == Target_Return,
                     cvx.sum_entries(Weight) == 1.0,
                     Weight >= 0.0,
                     Deviation >= 0.0,
                     Return_Dev*Weight + Deviation >= 0.0])
```

cvx.sum_entries(Deviation) は NumPy 配列 Deviation (ここでは偏差の負の部分 $(r_{\mathcal{P}t} - \bar{r}_{\mathcal{P}})^-$ を T で割ったものに相当する) の要素の総和を計算する関数である. これを新たな目的関数として最小化問題を設定する. (5.7) 式で追加された制約式に対応するのは, Deviation >= 0.0 と Return_Dev*Weight + Deviation >= 0.0 である.

5.1.2 下 方 半 分 散

分散をリスク測度とするポートフォリオ選択問題 (4.19) においても平均絶対偏差をリスク測度とするポートフォリオ選択問題 (5.4) においても, ポートフォリオの収益率の偏差 $r_{\mathcal{P}t} - \bar{r}_{\mathcal{P}}$ が正であれ負であれ絶対値で大きい場合には同じリスクとして扱っている. しかし現実に資産運用をする立場から見ると, 平均を上回る場合を損失と見

なすのではなく下回る場合のみを損失であると考えるのが自然である．ポートフォリオの価値の下振れのリスク（下方リスク）を捉えるために提案されたリスク測度の一つに Markowitz (1959) によって提案された下方半分散がある．

確率変数としてポートフォリオの収益率 $R_{\mathcal{P}}$ の下方半分散は，$R_{\mathcal{P}}$ が期待収益率 $\mu_{\mathcal{P}}$ を下回るという条件の下での条件付分散

$$\mathrm{E}[(R_{\mathcal{P}} - \mu_{\mathcal{P}})^2 | R_{\mathcal{P}} \leqq \mu_{\mathcal{P}}], \tag{5.8}$$

と定義される．しかし，このままでは実データを使って下方半分散を最小化するポートフォリオを求めることができないため，(5.8) 式の標本版を考える．ここでも偏差を

$$r_{\mathcal{P}t} - \bar{r}_{\mathcal{P}} = (r_{\mathcal{P}t} - \bar{r}_{\mathcal{P}})^+ - (r_{\mathcal{P}t} - \bar{r}_{\mathcal{P}})^-,$$

と分解できることを利用する．必ず

$$(r_{\mathcal{P}t} - \bar{r}_{\mathcal{P}})^+ \times (r_{\mathcal{P}t} - \bar{r}_{\mathcal{P}})^- = 0,$$

が成り立つことから，標本分散は

$$\frac{1}{T}\sum_{t=1}^{T}(r_{\mathcal{P}t} - \bar{r}_{\mathcal{P}})^2 = \frac{1}{T}\sum_{t=1}^{T}\{(r_{\mathcal{P}t} - \bar{r}_{\mathcal{P}})^+ - (r_{\mathcal{P}t} - \bar{r}_{\mathcal{P}})^-\}^2$$

$$= \frac{1}{T}\sum_{t=1}^{T}\{(r_{\mathcal{P}t} - \bar{r}_{\mathcal{P}})^+\}^2 + \frac{1}{T}\sum_{t=1}^{T}\{(r_{\mathcal{P}t} - \bar{r}_{\mathcal{P}})^-\}^2, \tag{5.9}$$

と分解できる．ここで (5.9) 式右辺の偏差の正の部分の 2 乗和 $\frac{1}{T}\sum_{t=1}^{T}\{(r_{\mathcal{P}t} - \bar{r}_{\mathcal{P}})^+\}^2$ は投資家にとって損失には当たらないのでリスク測度からはずし，負の部分の 2 乗和 $\frac{1}{T}\sum_{t=1}^{T}\{(r_{\mathcal{P}t} - \bar{r}_{\mathcal{P}})^-\}^2$ のみをリスク測度として残す．つまり

$$\varrho^{SV}(\boldsymbol{w}) = \frac{1}{T}\sum_{t=1}^{T}\{(r_{\mathcal{P}t} - \bar{r}_{\mathcal{P}})^-\}^2, \tag{5.10}$$

を考える．これが標本下方半分散である．

$v_t = (r_{\mathcal{P}t} - \bar{r}_{\mathcal{P}})^-$ と定義すると，これらが (5.6) 式の制約を満たさなければならないことから，下方半分散をリスク測度として最小化するポートフォリオ選択問題は，

$$\min_{\boldsymbol{w}, \boldsymbol{v}} \quad \varrho^{SV}(\boldsymbol{w}) = \frac{1}{T}\sum_{t=1}^{T}v_t^2,$$

$$\text{s.t.} \quad \boldsymbol{w}'\bar{\boldsymbol{r}} = \mu_{\mathcal{P}}, \quad \boldsymbol{w}'\boldsymbol{\iota} = 1, \tag{5.11}$$

$$w_1 \geqq 0, \cdots, w_N \geqq 0, \quad v_1 \geqq 0, \cdots, v_T \geqq 0,$$

$$r_{\mathcal{P}1} - \bar{r}_{\mathcal{P}} + v_1 \geqq 0, \cdots, r_{\mathcal{P}T} - \bar{r}_{\mathcal{P}} + v_T \geqq 0,$$

として定式化される．(5.7) 式の平均絶対偏差最小化問題と見比べると，(5.11) 式の下方半分散最小化問題では目的関数が $v_1, \ldots, v_T$ の 2 乗和に置き換わっただけであることがわかる．

▶ 下方半分散最小化問題

コード 5.2 pyfin_sv_portfolio.py

```python
# -*- coding: utf-8 -*-
#     NumPy の読み込み
import numpy as np
#     CVXPY の読み込み
import cvxpy as cvx
#     Pandas の読み込み
import pandas as pd
#     Matplotlib の Pyplot モジュールの読み込み
import matplotlib.pyplot as plt
#     日本語フォントの設定
from matplotlib.font_manager import FontProperties
import sys
if sys.platform.startswith('win'):
    FontPath = 'C:\Windows\Fonts\meiryo.ttc'
elif sys.platform.startswith('darwin'):
    FontPath = '/System/Library/Fonts/ヒラギノ角ゴシック W4.ttc'
elif sys.platform.startswith('linux'):
    FontPath = '/usr/share/fonts/truetype/takao-gothic/TakaoExGothic.ttf'
jpfont = FontProperties(fname=FontPath)
#%% 収益率データの読み込み
R = pd.read_csv('asset_return_data.csv', index_col=0)
T = R.shape[0]
N = R.shape[1]
Mu = R.mean().values
Return_Dev = (R - Mu).values/np.sqrt(T)
#%% 下方半分散最小化問題の設定
Weight = cvx.Variable(N)
Deviation = cvx.Variable(T)
Target_Return = cvx.Parameter(sign='positive')
Risk_Semivariance = cvx.sum_squares(Deviation)
Opt_Portfolio = cvx.Problem(cvx.Minimize(Risk_Semivariance),
                            [Weight.T*Mu == Target_Return,
                             cvx.sum_entries(Weight) == 1.0,
                             Weight >= 0.0,
                             Deviation >= 0.0,
                             Return_Dev*Weight + Deviation >= 0.0])
#%% 最小下方半分散フロンティアの計算
V_Target = np.linspace(Mu.min(), Mu.max(), num=250)
V_Risk = np.zeros(V_Target.shape)
for idx, Target_Return.value in enumerate(V_Target):
    Opt_Portfolio.solve()
```

```
42      V_Risk[idx] = np.sqrt(Risk_Semivariance.value)
43  #%% 最小下方半分散フロンティアのグラフの作成
44  fig1 = plt.figure(1, facecolor='w')
45  plt.plot(V_Risk, V_Target, 'k-')
46  plt.plot(np.sqrt(((R[R <= Mu] - Mu) ** 2).sum().values/T), Mu, 'kx')
47  plt.legend([u'最小下方半分散フロンティア', u'個別資産'],
48             loc='best', frameon=False, prop=jpfont)
49  plt.xlabel(u'下方半分散の平方根 (%)', fontproperties=jpfont)
50  plt.ylabel(u'期待収益率 (%)', fontproperties=jpfont)
51  plt.show()
```

　コード 5.2 は (5.11) 式の下方半分散最小化問題を解くための Python コードである. 平均絶対偏差最小化問題用のコード 5.1 と比べても基本的に大きくは変わらない. 特に第 20~36 行と (5.7) 式の線形計画問題を解くコードと比べると, Return_Dev が T の平方根で割られている点（これは第 4 章のコード 4.4 と同じ理由である）と目的関数が cvx.sum_squares(Deviation) に置き換わった点が異なるだけであることがわかる.

```
20  #%% 収益率データの読み込み
21  R = pd.read_csv('asset_return_data.csv', index_col=0)
22  T = R.shape[0]
23  N = R.shape[1]
24  Mu = R.mean().values
25  Return_Dev = (R - Mu).values/np.sqrt(T)
26  #%% 下方半分散最小化問題の設定
27  Weight = cvx.Variable(N)
28  Deviation = cvx.Variable(T)
29  Target_Return = cvx.Parameter(sign='positive')
30  Risk_Semivariance = cvx.sum_squares(Deviation)
31  Opt_Portfolio = cvx.Problem(cvx.Minimize(Risk_Semivariance),
32                     [Weight.T*Mu == Target_Return,
33                      cvx.sum_entries(Weight) == 1.0,
34                      Weight >= 0.0,
35                      Deviation >= 0.0,
36                      Return_Dev*Weight + Deviation >= 0.0])
```

　コード 5.2 を実行すると図 5.2 が描画される. この図でも平均分散アプローチと同様のリターン（期待収益率）とリスク（下方半分散）のトレードオフを見ることができる. なお第 46 行で作図のために各資産の下方半分散を計算しているが, ここでは

```
46  plt.plot(np.sqrt(((R[R <= Mu] - Mu) ** 2).sum().values/T), Mu, 'kx')
```

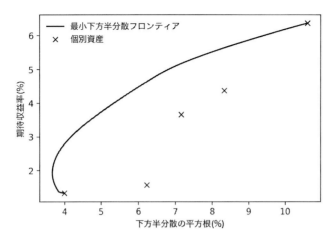

図 5.2 下方半分散をリスク測度としたときのフロンティア

R[R <= Mu] で標本平均を下回る収益率データを選び出し，それらの（(R[R <= Mu] - Mu) ** 2).sum() で 2 乗和を求めて，最終的に下方半分散の平方根を計算している．

5.1.3 期待ショートフォール

下方半分散のように対応したリスク測度として，**期待ショートフォール**（**E**xpected **S**hortfall, **ES**）が知られている．ES の定義は

$$ES_\alpha = E[-R_\mathcal{P}|R_\mathcal{P} \leqq VaR_\alpha], \tag{5.12}$$

である[*2]．ここで VaR_α は

$$Pr(R_\mathcal{P} \leqq VaR_\alpha) = \alpha, \tag{5.13}$$

を満たすポートフォリオの収益率 $R_\mathcal{P}$ の $100\alpha\%$点であり，バリューアットリスク（**V**alue at **R**isk, **VaR**）と呼ばれる．ES は「ポートフォリオの収益率が $100\alpha\%$点を下回ったという条件の下での期待損失」と解釈される．わかりやすい例え方をすると，「金融市場全体を巻き込むようなクラッシュが起きた場合に予想される損失」とES を理解すればよいだろう．この理解に基づけば，ES を基準としてポートフォリオの選択を行うことは，大規模なクラッシュが起きたという厳しい状況（$R_\mathcal{P} \leqq VaR_\alpha$）の下においても，できるだけ被る損失を軽微に抑制できるような資産運用を目指すことであるといえる．この意味において，ES は「滅多に起きないが一旦生じると甚大な

[*2] ES は，条件付バリューアットリスク（**C**onditional **V**alue at **R**isk, **CVaR**）と呼ばれることもある．

損害を被るというリスク（テールリスク）」の測度ともいえる.

$R_{\mathcal{P}}$ の確率密度関数を $p(R_{\mathcal{P}})$ とすると，ES は

$$
\begin{aligned}
\mathrm{ES}_\alpha &= \int_{-\infty}^{\mathrm{VaR}_\alpha} -R_{\mathcal{P}} \frac{p(R_{\mathcal{P}})}{\mathrm{Pr}(R_{\mathcal{P}} \leqq \mathrm{VaR}_\alpha)} dR_{\mathcal{P}} \\
&= \int_{-\infty}^{\mathrm{VaR}_\alpha} (\mathrm{VaR}_\alpha - \mathrm{VaR}_\alpha - R_{\mathcal{P}}) \frac{p(R_{\mathcal{P}})}{\alpha} dR_{\mathcal{P}} \\
&= \frac{1}{\alpha} \int_{-\infty}^{\mathrm{VaR}_\alpha} (\mathrm{VaR}_\alpha - R_{\mathcal{P}}) p(R_{\mathcal{P}}) dR_{\mathcal{P}} - \frac{\mathrm{VaR}_\alpha}{\alpha} \int_{-\infty}^{\mathrm{VaR}_\alpha} p(R_{\mathcal{P}}) dR_{\mathcal{P}} \\
&= \frac{1}{\alpha} \int_{-\infty}^{\infty} \max\{\mathrm{VaR}_\alpha - R_{\mathcal{P}}, 0\} p(R_{\mathcal{P}}) dR_{\mathcal{P}} - \mathrm{VaR}_\alpha \\
&= \frac{1}{\alpha} \int_{-\infty}^{\infty} (R_{\mathcal{P}} - \mathrm{VaR}_\alpha)^- p(R_{\mathcal{P}}) dR_{\mathcal{P}} - \mathrm{VaR}_\alpha, \quad (5.14)
\end{aligned}
$$

と書き直される．しかし，(5.14) 式の中の VaR_α は w の非線形関数であるため，一般的な分布を資産収益率に想定した場合には (5.14) 式の ES は w の非線形関数となってしまう．そのため (5.14) 式を直接最小化するような問題を解くことは一般には難しい.

▶　期待ショートフォール最小化問題

コード 5.3　pyfin_es_portfolio.py

```
1  # -*- coding: utf-8 -*-
2  #   NumPyの読み込み
3  import numpy as np
4  #   CVXPYの読み込み
5  import cvxpy as cvx
6  #   Pandasの読み込み
7  import pandas as pd
8  #   MatplotlibのPyplotモジュールの読み込み
9  import matplotlib.pyplot as plt
10 #   日本語フォントの設定
11 from matplotlib.font_manager import FontProperties
12 import sys
13 if sys.platform.startswith('win'):
14     FontPath = 'C:\Windows\Fonts\meiryo.ttc'
15 elif sys.platform.startswith('darwin'):
16     FontPath = '/System/Library/Fonts/ヒラギノ角ゴシック W4.ttc'
17 elif sys.platform.startswith('linux'):
18     FontPath = '/usr/share/fonts/truetype/takao-gothic/TakaoExGothic.ttf'
19 jpfont = FontProperties(fname=FontPath)
20 #%% 収益率データの読み込み
21 R = pd.read_csv('asset_return_data.csv', index_col=0)
22 T = R.shape[0]
```

```
23 | N = R.shape[1]
24 | Mu = R.mean().values
25 | Return = R.values/T
26 | #%% 期待ショートフォール最小化問題の設定
27 | Weight = cvx.Variable(N)
28 | Deviation = cvx.Variable(T)
29 | VaR = cvx.Variable()
30 | Alpha = cvx.Parameter(sign='positive')
31 | Target_Return = cvx.Parameter(sign='positive')
32 | Risk_ES = cvx.sum_entries(Deviation)/Alpha - VaR
33 | Opt_Portfolio = cvx.Problem(cvx.Minimize(Risk_ES),
34 |                             [Weight.T*Mu == Target_Return,
35 |                              cvx.sum_entries(Weight) == 1.0,
36 |                              Weight >= 0.0,
37 |                              Deviation >= 0.0,
38 |                              Return*Weight - VaR/T + Deviation >= 0.0])
39 | #%% 最小ESフロンティアの計算
40 | V_Alpha = np.array([0.05, 0.10, 0.25, 0.50])
41 | V_Target = np.linspace(Mu.min(), Mu.max(), num=250)
42 | V_Risk = np.zeros((V_Target.shape[0],V_Alpha.shape[0]))
43 | for idx_col, Alpha.value in enumerate(V_Alpha):
44 |     Alpha.value = V_Alpha[idx_col]
45 |     for idx_row, Target_Return.value in enumerate(V_Target):
46 |         Opt_Portfolio.solve()
47 |         V_Risk[idx_row, idx_col] = Risk_ES.value
48 | #%% 最小ESフロンティアのグラフの作成
49 | fig1 = plt.figure(1, facecolor='w')
50 | plt.plot(V_Risk[:,0], V_Target, 'k-')
51 | plt.plot((-R[R <= R.quantile(V_Alpha[0])]).mean().values, Mu, 'kx')
52 | plt.legend([u'最小ESフロンティア', u'個別資産'],
53 |            loc='best', frameon=False, prop=jpfont)
54 | plt.xlabel(u'期待ショートフォール (%)', fontproperties=jpfont)
55 | plt.ylabel(u'期待収益率 (%)', fontproperties=jpfont)
56 | fig2 = plt.figure(2, facecolor='w')
57 | LineTypes = ['solid', 'dashed', 'dashdot', 'dotted']
58 | for idx, Alpha.value in enumerate(V_Alpha):
59 |     plt.plot(V_Risk[:,idx], V_Target, color='k', linestyle=LineTypes[idx])
60 | plt.legend([u'最小ESフロンティア($\\alpha$={0:4.2f})'.format(a)
61 |             for a in V_Alpha],
62 |            loc='best', frameon=False, prop=jpfont)
63 | plt.xlabel(u'期待ショートフォール (%)', fontproperties=jpfont)
64 | plt.ylabel(u'期待収益率 (%)', fontproperties=jpfont)
65 | plt.show()
```

この問題を回避する方法を Rockafellar and Uryasev (2000) が提案している. Rockafellar and Uryasev (2000) によると, 標本の大きさ T が十分大きいときには, (5.14) 式は

$$\varrho^{ES}(\boldsymbol{w}, c) = \frac{1}{\alpha T} \sum_{t=1}^{T} (r_{\mathcal{P}t} - c)^{-} - c, \tag{5.15}$$

で近似できる. さらに $v_t = (r_{\mathcal{P}t} - c)^{-}$ とおいて下方半分散の場合と同じ展開を使うと, ES に基づくポートフォリオ選択問題は

$$
\begin{aligned}
\min_{\boldsymbol{w}, \boldsymbol{v}, c} \quad & \varrho^{ES}(\boldsymbol{w}) = \frac{1}{\alpha T} \sum_{t=1}^{T} v_t - c, \\
\text{s.t.} \quad & \boldsymbol{w}'\bar{\boldsymbol{r}} = \mu_{\mathcal{P}}, \quad \boldsymbol{w}'\boldsymbol{\iota} = 1, \\
& w_1 \geqq 0, \cdots, w_N \geqq 0, \quad v_1 \geqq 0, \cdots, v_T \geqq 0, \\
& r_{\mathcal{P}1} - c + v_1 \geqq 0, \cdots, r_{\mathcal{P}T} - c + v_T \geqq 0,
\end{aligned}
\tag{5.16}
$$

として定式化されることになる. (5.16) 式もまた線形計画問題である. コード 5.3 が (5.16) 式の ES 最小化問題を解くための Python コードである. これを実行すると図 5.3（この図では $\alpha = 0.05$ としている）と図 5.4 が描画される. 図 5.3 でも, 既におなじみのリターン（期待収益率）とリスク（ES）のトレードオフ関係が読み取れる. 一方, 図 5.4 はテール確率 α の変化が最小 ES フロンティアの形状に与える影響を示している.

コード 5.3 の平均絶対偏差最小化問題 (5.7) や下方半分散最小化問題 (5.11) との目に見える違いは, 投資比率 Weight と（VaR からの）偏差 Deviation に加えて変数

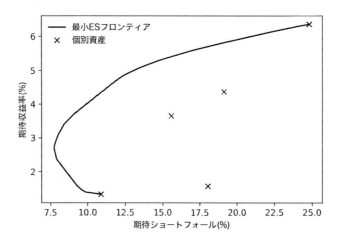

図 5.3　期待ショートフォールをリスク測度としたときのフロンティア

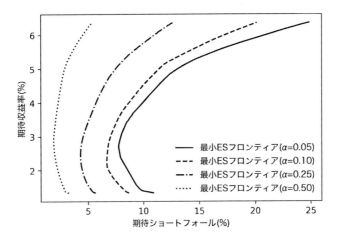

図 5.4 テール確率 α がフロンティアの形状に与える影響

として VaR が追加されている点である．さらにテール確率 Alpha がパラメータとして追加されている．他の変更点は (5.16) 式に合わせて目的関数と制約式を設定しているだけである．

```
20  #%% 収益率データの読み込み
21  R = pd.read_csv('asset_return_data.csv', index_col=0)
22  T = R.shape[0]
23  N = R.shape[1]
24  Mu = R.mean().values
25  Return = R.values/T
26  #%% 期待ショートフォール最小化問題の設定
27  Weight = cvx.Variable(N)
28  Deviation = cvx.Variable(T)
29  VaR = cvx.Variable()
30  Alpha = cvx.Parameter(sign='positive')
31  Target_Return = cvx.Parameter(sign='positive')
32  Risk_ES = cvx.sum_entries(Deviation)/Alpha - VaR
33  Opt_Portfolio = cvx.Problem(cvx.Minimize(Risk_ES),
34                      [Weight.T*Mu == Target_Return,
35                       cvx.sum_entries(Weight) == 1.0,
36                       Weight >= 0.0,
37                       Deviation >= 0.0,
38                       Return*Weight - VaR/T + Deviation >= 0.0])
```

以下の部分で図 5.3 と図 5.4 を作成している．

```
48  #%% 最小ESフロンティアのグラフの作成
49  fig1 = plt.figure(1, facecolor='w')
50  plt.plot(V_Risk[:,0], V_Target, 'k-')
51  plt.plot((-R[R <= R.quantile(V_Alpha[0])]).mean().values, Mu, 'kx')
52  plt.legend([u'最小 ESフロンティア', u'個別資産'],
53              loc='best', frameon=False, prop=jpfont)
54  plt.xlabel(u'期待ショートフォール (%)', fontproperties=jpfont)
55  plt.ylabel(u'期待収益率 (%)', fontproperties=jpfont)
56  fig2 = plt.figure(2, facecolor='w')
57  LineTypes = ['solid', 'dashed', 'dashdot', 'dotted']
58  for idx, Alpha.value in enumerate(V_Alpha):
59      plt.plot(V_Risk[:,idx], V_Target, color='k', linestyle=LineTypes[idx])
60  plt.legend([u'最小 ESフロンティア ($\\alpha$={0:4.2f})'.format(a)
61              for a in V_Alpha],
62              loc='best', frameon=False, prop=jpfont)
63  plt.xlabel(u'期待ショートフォール (%)', fontproperties=jpfont)
64  plt.ylabel(u'期待収益率 (%)', fontproperties=jpfont)
65  plt.show()
```

図 5.3 を描画している第 49～55 行は，コード 5.1 やコード 5.2 と大差はない．第 51 行で各資産の標本 ES を計算しているが，.quantile() は Pandas でデータフレームの標本分位点を計算するメソッドであり，下方半分散の場合と同じように-R[R <= R.quantile(V_Alpha[0])] により 100α 点 R.quantile(V_Alpha[0]) を下回る収益率を選んで標本平均を計算している．図 5.4 を描画している第 56～65 行も似たようなものであるが，注目すべき点というと第 59 行の plt.plot で color オプションと linestyle オプションを使って線の色と形状を指定しているところと第 60 行でLaTeX に似た構文でギリシャ文字 α を凡例に入れているところであろうか．

5.2 リスク寄与度の均等化によるポートフォリオ選択

2008 年の世界金融危機によって大きな損失を被った経験から，資産運用の現場ではリターン（期待収益率）の最大化を追求するのではなく，リスクをとらない保守的な運用に努める手法が注目されつつある．リスクをできるだけ小さくする投資戦略の基本的な方針は，「各資産のポートフォリオ全体のリスクに与える影響（リスク寄与度）の偏りを極力減らして投資比率を構成する」というものである．この方針に従う最も簡単なものは各資産の投資比率が同じポートフォリオ，つまり

$$\boldsymbol{w}_n^{1/N} = \frac{1}{N}, \quad (n = 1, \ldots, N),\tag{5.17}$$

というポートフォリオを組むという運用方法である．これは俗に $1/N$ ポートフォリ

オと呼ばれる．しかし，資産間のリスク寄与度の偏りの軽減という意味でもポートフォリオ全体のリスクの制御という意味でも，これが最適になる理論的な保証はない．代わりに $1/N$ ポートフォリオよりも理論面で精緻なリスク寄与度の均等化によるポートフォリオがいくつか提案されている．本節では

- 大域的最小分散ポートフォリオ
- リスクパリティ・ポートフォリオ
- 最大分散度ポートフォリオ

の3つの例を紹介する．

第1の例である**大域的最小分散ポートフォリオ** (global minimum variance portfolio) は，第4章で平均分散アプローチを説明したときに既に登場している．これは

$$\min_{\boldsymbol{w}} \quad \mathrm{Var}[R_{\mathcal{P}}] = \frac{1}{2}\boldsymbol{w}'\boldsymbol{\Sigma}\boldsymbol{w},$$
$$\text{s.t.} \quad \boldsymbol{\iota}'\boldsymbol{w} = 1, \tag{5.18}$$

の解であり*3)，最適投資比率は (4.9) 式において $\mu_{\mathcal{P}} = \frac{A}{C}$ を代入することで

$$\boldsymbol{w}^{MV} = \frac{1}{\boldsymbol{\iota}'\boldsymbol{\Sigma}^{-1}\boldsymbol{\iota}}\boldsymbol{\Sigma}^{-1}\boldsymbol{\iota}, \tag{5.19}$$

として与えられる．(5.19) 式の $\boldsymbol{w}^{MV}$ は分散共分散行列 $\boldsymbol{\Sigma}$ のみに依存しているため，期待収益率を設定する必要が全くない．大域的最小分散ポートフォリオは以下の性質を持つ．

大域的最小分散ポートフォリオの性質

(i) 資産 n の収益率の分散を σ_n^2 とする．もし資産収益率の間に相関がないならば，大域的最小分散ポートフォリオの投資比率は

$$\boldsymbol{w}_n^{MV} = \frac{\sigma_n^{-2}}{\sum_{n=1}^{N}\sigma_n^{-2}}, \quad (n = 1, \dots, N),$$

となる．

(ii) $\sigma_1^2 = \cdots = \sigma_N^2 = \sigma^2$ で資産収益率の間の相関係数がすべて同じ ρ であるとき，大域的最小分散ポートフォリオは $1/N$ ポートフォリオに等しい．

(i) の証明

(5.19) 式より自明である． □

(ii) の証明

この場合の分散共分散行列が

---

*3)　$\frac{1}{2}$ を目的関数に掛けているのは，後の数式展開を綺麗にするためだけである．

$$\mathbf{\Sigma} = \sigma^2 \bar{\mathbf{R}}, \quad \bar{\mathbf{R}} = (1-\rho)\mathbf{I} + \rho\boldsymbol{\iota}\boldsymbol{\iota}', \tag{5.20}$$

となることから（$\mathbf{I}$ は単位行列とする），(5.19) 式は

$$\boldsymbol{w}^{MV} = \frac{1}{\boldsymbol{\iota}'\bar{\mathbf{R}}^{-1}\boldsymbol{\iota}}\bar{\mathbf{R}}^{-1}\boldsymbol{\iota},$$

と書き直される．ここで

$$\bar{\mathbf{R}}\boldsymbol{\iota} = (1-\rho)\boldsymbol{\iota} + \rho\boldsymbol{\iota}(\boldsymbol{\iota}'\boldsymbol{\iota}) = (1+\rho(n-1))\boldsymbol{\iota},$$

となることから[*4)]，

$$\bar{\mathbf{R}}^{-1}\boldsymbol{\iota} = \frac{1}{1+\rho(n-1)}\boldsymbol{\iota},$$

である（$\rho > -\frac{1}{n-1}$ と仮定する）．これを使うと

$$\boldsymbol{w}^{MV} = \frac{1+\rho(n-1)}{\boldsymbol{\iota}'\boldsymbol{\iota}}\frac{1}{1+\rho(n-1)}\boldsymbol{\iota} = \frac{1}{n}\boldsymbol{\iota},$$

がいえる． □

　性質 (i) より，無相関の場合には大域的最小分散ポートフォリオは分散の逆数に比例するように投資比率を決定していることがわかる．性質 (ii) は $1/N$ ポートフォリオが大域的最小分散ポートフォリオの特殊例であることを示している．

　さらに大域的最小分散ポートフォリオの性質を見てみよう．大域的分散最小化問題 (5.18) のラグランジアンを

$$\mathcal{L} = \frac{1}{2}\boldsymbol{w}'\mathbf{\Sigma}\boldsymbol{w} + \lambda(1 - \boldsymbol{\iota}'\boldsymbol{w}),$$

とすると，最小化の 1 階の条件で $\boldsymbol{w}$ に関する式は

$$\frac{\partial\mathcal{L}}{\partial\boldsymbol{w}} = \mathbf{\Sigma}\boldsymbol{w} - \lambda\boldsymbol{\iota} = 0 \quad \Rightarrow \quad \mathbf{\Sigma}\boldsymbol{w} = \lambda\boldsymbol{\iota}, \tag{5.21}$$

となる．ポートフォリオの標準偏差 $\sigma(\boldsymbol{w}) = \sqrt{\boldsymbol{w}'\mathbf{\Sigma}\boldsymbol{w}}$ の 1 次微分が

$$\frac{\partial\sigma(\boldsymbol{w})}{\partial\boldsymbol{w}} = \begin{bmatrix} \dfrac{\partial\sigma(\boldsymbol{w})}{\partial w_1} \\ \vdots \\ \dfrac{\partial\sigma(\boldsymbol{w})}{\partial w_N} \end{bmatrix} = \frac{1}{\sigma(\boldsymbol{w})}\mathbf{\Sigma}\boldsymbol{w},$$

であることから，1 階の条件 (5.21) は

$$\frac{\partial\sigma(\boldsymbol{w})}{\partial w_1} = \cdots = \frac{\partial\sigma(\boldsymbol{w})}{\partial w_N},$$

[*4)]　$1 + \rho(n-1)$ は $\bar{\mathbf{R}}$ の固有値で $\boldsymbol{\iota}$ は固有ベクトルであることがわかる．

を意味する.各資産の $\frac{\partial\sigma(\boldsymbol{w})}{\partial w_n}$ $(n = 1, \ldots, N)$ は **MRC** (**M**arginal **R**isk Contribution) と呼ばれる.名前が示唆するように,MRC は特定の資産の投資比率を 1 ポイント増やしたときのポートフォリオのリスク(標準偏差)の増分である.つまり,大域的最小分散ポートフォリオは MRC で測ったときのリスク寄与度がすべての資産で等しくなるポートフォリオと解釈される.

次の例に移ろう.ポートフォリオの標準偏差は,先ほどの MRC を使うと

$$\sigma(\boldsymbol{w}) = \frac{1}{\sigma(\boldsymbol{w})}\boldsymbol{w}'\boldsymbol{\Sigma}\boldsymbol{w} = \boldsymbol{w}'\left(\frac{1}{\sigma(\boldsymbol{w})}\boldsymbol{\Sigma}\boldsymbol{w}\right) = \boldsymbol{w}'\left(\frac{\partial\sigma(\boldsymbol{w})}{\partial\boldsymbol{w}}\right)$$
$$= w_1\frac{\partial\sigma(\boldsymbol{w})}{\partial w_1} + \cdots + w_N\frac{\partial\sigma(\boldsymbol{w})}{\partial w_N}, \tag{5.22}$$

と分解される.このとき $w_n\frac{\partial\sigma(\boldsymbol{w})}{\partial w_n}$ $(n = 1, \ldots, N)$ は資産 n のポートフォリオ全体のリスク $\sigma(\boldsymbol{w})$ への寄与度と解釈され,**TRC** (**T**otal **R**isk **C**ontribution) と呼ばれる.大域的最小分散ポートフォリオのときと同じ発想で,今度はすべての資産の TRC を等しくするポートフォリオを考えるとどうなるだろうか.つまり,

$$w_1\frac{\partial\sigma(\boldsymbol{w})}{\partial w_1} = \cdots = w_N\frac{\partial\sigma(\boldsymbol{w})}{\partial w_N}, \tag{5.23}$$

となるポートフォリオである(Qian (2006), et al. を参照).(5.23) 式をリスクパリティ・ポートフォリオ (**risk parity portfolio**) という.(5.22) 式の両辺を $\sigma(\boldsymbol{w})$ で割ると

$$1 = \frac{w_1}{\sigma(\boldsymbol{w})}\frac{\partial\sigma(\boldsymbol{w})}{\partial w_1} + \cdots + \frac{w_N}{\sigma(\boldsymbol{w})}\frac{\partial\sigma(\boldsymbol{w})}{\partial w_N},$$

となるから,(5.23) 式が成り立つとき

$$\frac{w_n}{\sigma(\boldsymbol{w})}\frac{\partial\sigma(\boldsymbol{w})}{\partial w_n} = \frac{1}{N}, \quad (n = 1, \ldots, N),$$

がいえる.つまり見方を変えると,リスクパリティ・ポートフォリオでは,すべての資産に対して「リスクの投資比率に対する弾力性」が等しく $1/N$ になるように投資配分を決定しているといえる.

リスクパリティ・ポートフォリオの投資比率 $\boldsymbol{w}^{RP}$ は

$$\boldsymbol{\Sigma}\boldsymbol{w}^{RP} = \frac{\kappa}{\boldsymbol{w}^{RP}} = \begin{bmatrix} \dfrac{\kappa}{w_1^{RP}} \\ \vdots \\ \dfrac{\kappa}{w_N^{RP}} \end{bmatrix}, \tag{5.24}$$

$$\boldsymbol{\iota}'\boldsymbol{w}^{RP} = 1,$$

という非線形連立方程式を $(w_{1,RP}, \ldots, w_{n,RP}, \kappa)$ について解くことで求まる (Chaves, et al. (2012) を参照).$\boldsymbol{w}^{RP}$ もまた期待収益率に依存しないポートフォリオである.

一般に (5.24) 式に解析解は存在しないが，解析解を持つ特殊例が知られている．

リスクパリティ・ポートフォリオの性質

> (i) 資産収益率の間の相関係数がすべて同じ ρ である場合には
>
> $$w_n^{RP} = \frac{\sigma_n^{-1}}{\sum_{n=1}^{N} \sigma_n^{-1}}, \quad (n = 1, \ldots, N), \tag{5.25}$$
>
> つまり
>
> $$\boldsymbol{w}^{RP} = \frac{\boldsymbol{\sigma}^{-1}}{\boldsymbol{\iota}'\boldsymbol{\sigma}^{-1}}, \quad \boldsymbol{\sigma}^{-1} = \begin{bmatrix} \sigma_1^{-1} \\ \vdots \\ \sigma_N^{-1} \end{bmatrix},$$
>
> となる．
>
> (ii) $\sigma_1^2 = \cdots = \sigma_n^2 = \sigma^2$ で資産収益率の間の相関係数がすべて同じ ρ であるとき，リスクパリティ・ポートフォリオは $1/N$ ポートフォリオに等しい．

<u>(i) の証明</u>

上記の $\boldsymbol{w}^{RP}$ が (5.24) 式の第 2 式を満たすことは自明であるから，$\boldsymbol{w}^{RP}$ が (5.24) 式の第 1 式を満たすことを示せば十分である．(5.20) 式の相関係数行列 $\bar{\boldsymbol{R}}$ を使うと，分散共分散行列は

$$\boldsymbol{\Sigma} = \boldsymbol{\Lambda} \bar{\boldsymbol{R}} \boldsymbol{\Lambda}, \quad \boldsymbol{\Lambda} = \begin{bmatrix} \sigma_1 & & \\ & \ddots & \\ & & \sigma_n \end{bmatrix}, \tag{5.26}$$

と分解されるから，(5.24) 式の第 1 式は

$$\boldsymbol{\Lambda} \bar{\boldsymbol{R}} \boldsymbol{\Lambda} \boldsymbol{w}^{RP} = \frac{\kappa}{\boldsymbol{w}^{RP}},$$

$$\Rightarrow \quad \boldsymbol{\Lambda} \boldsymbol{w}^{RP} = \bar{\boldsymbol{R}}^{-1} \boldsymbol{\Lambda}^{-1} \frac{\kappa}{\boldsymbol{w}^{RP}},$$

$$\Rightarrow \quad \boldsymbol{\sigma} \odot \boldsymbol{w}^{RP} = \bar{\boldsymbol{R}}^{-1} \frac{\kappa}{\boldsymbol{\sigma} \odot \boldsymbol{w}^{RP}}, \quad \boldsymbol{\sigma} = \begin{bmatrix} \sigma_1 \\ \vdots \\ \sigma_n \end{bmatrix},$$

となる．ここで $\odot$ は要素ごとの積である．これに $\boldsymbol{w}^{RP} = \frac{\boldsymbol{\sigma}^{-1}}{\boldsymbol{\iota}'\boldsymbol{\sigma}^{-1}}$ を代入すると，$\boldsymbol{\sigma} \odot \boldsymbol{\sigma}^{-1} = \boldsymbol{\iota}$ であるから，

$$\frac{1}{\boldsymbol{\iota}'\boldsymbol{\sigma}^{-1}} \boldsymbol{\iota} = \kappa \boldsymbol{\iota}'\boldsymbol{\sigma}^{-1} \bar{\boldsymbol{R}}^{-1} \boldsymbol{\iota} = \frac{\kappa \boldsymbol{\iota}'\boldsymbol{\sigma}^{-1}}{1 + \rho(n-1)} \boldsymbol{\iota},$$

が得られる（$\bar{\boldsymbol{R}}^{-1} \boldsymbol{\iota} = \frac{1}{1+\rho(n-1)} \boldsymbol{\iota}$ を使っている）．よって，

$$\kappa = \frac{1 + \rho(n-1)}{(\boldsymbol{\iota}'\boldsymbol{\sigma}^{-1})^2},$$

となり，(5.24) 式の第 1 式が成り立つ. □

<u>(ii) の証明</u>

(5.25) 式より明らか. □

性質 (i) より，無相関の場合の大域的最小分散ポートフォリオとは異なり，均一相関の場合のリスクパリティ・ポートフォリオでは資産収益率の標準偏差の逆数に比例するように投資比率が決定されることがわかる．そして，性質 (ii) より，$1/N$ ポートフォリオがリスクパリティ・ポートフォリオの特殊例であることもわかる.

それでは最後の例である**最大分散度ポートフォリオ** (maximum difersification portfolio) を紹介しよう．最大分散度ポートフォリオの構築においては，

$$\max_{\boldsymbol{w}} \quad \frac{\boldsymbol{\sigma}'\boldsymbol{w}}{\sqrt{\boldsymbol{w}'\boldsymbol{\Sigma}\boldsymbol{w}}}, \tag{5.27}$$

という最大化問題を考える（Choueifaty and Coignard (2008) を参照）．ここで $\boldsymbol{\sigma}$ は各資産の標準偏差のベクトルである．(5.27) 式の目的関数は分散度と呼ばれる．このポートフォリオ選択問題においても期待収益率は一切出てこない．なお (5.27) 式で $\boldsymbol{\iota}'\boldsymbol{w} = 1$ の制約は必要ない．なぜなら任意の正の定数 $c > 0$ を $\boldsymbol{w}$ に掛けても (5.27) 式の目的関数の値は不変であるため，$\boldsymbol{\iota}'\boldsymbol{w} = 1$ の制約を事実上無視できるからである．(5.27) 式の最大化問題の解 $\boldsymbol{w}^{MD}$ が最大分散度ポートフォリオとなる.

(5.27) 式の最大化問題の解は以下のようにして求められる．まず，相関係数行列を $\bar{\boldsymbol{R}}$ として (5.26) 式のように $\boldsymbol{\Sigma} = \boldsymbol{\Lambda}\bar{\boldsymbol{R}}\boldsymbol{\Lambda}$ と分解すると，

$$\boldsymbol{w}'\boldsymbol{\Lambda}\bar{\boldsymbol{R}}\boldsymbol{\Lambda}\boldsymbol{w} = (\boldsymbol{\Lambda}\boldsymbol{w})'\bar{\boldsymbol{R}}(\boldsymbol{\Lambda}\boldsymbol{w}) = \tilde{\boldsymbol{w}}'\bar{\boldsymbol{R}}\tilde{\boldsymbol{w}},$$

および

$$\boldsymbol{\sigma}'\boldsymbol{w} = \boldsymbol{\sigma}'\boldsymbol{\Lambda}^{-1}\boldsymbol{\Lambda}\boldsymbol{w} = \boldsymbol{\iota}'\tilde{\boldsymbol{w}},$$

となることから，(5.27) 式は

$$\max_{\tilde{\boldsymbol{w}}} \quad \frac{\boldsymbol{\iota}'\tilde{\boldsymbol{w}}}{\sqrt{\tilde{\boldsymbol{w}}'\bar{\boldsymbol{R}}\tilde{\boldsymbol{w}}}},$$

となる．ここで $\boldsymbol{\iota}'\tilde{\boldsymbol{w}} = 1$ という制約を課すと，

$$\begin{aligned} \max_{\tilde{\boldsymbol{w}}} \quad & \frac{1}{\sqrt{\tilde{\boldsymbol{w}}'\bar{\boldsymbol{R}}\tilde{\boldsymbol{w}}}} \\ \text{s.t.} \quad & \boldsymbol{\iota}'\tilde{\boldsymbol{w}} = 1, \end{aligned} \tag{5.28}$$

という最大化問題に書き直される．これは

$$\min_{\tilde{\boldsymbol{w}}} \quad \tilde{\boldsymbol{w}}' \bar{\boldsymbol{R}} \tilde{\boldsymbol{w}}$$
$$\text{s.t.} \quad \boldsymbol{\iota}' \tilde{\boldsymbol{w}} = 1, \tag{5.29}$$

と同値である．(5.29) 式の解を $\tilde{\boldsymbol{w}}^*$ とすると，これは大域的最小分散ポートフォリオ (5.19) と同様に

$$\tilde{\boldsymbol{w}}^* = \frac{1}{\boldsymbol{\iota}' \bar{\boldsymbol{R}}^{-1} \boldsymbol{\iota}} \bar{\boldsymbol{R}}^{-1} \boldsymbol{\iota},$$

と求まる．最後に最大分散度ポートフォリオの最適投資比率は，(5.29) 式の解 $\tilde{\boldsymbol{w}}^*$ と (5.27) 式の解 $\boldsymbol{w}^*$ の間に $\tilde{\boldsymbol{w}}^* = \boldsymbol{\Lambda} \boldsymbol{w}^*$ が成り立つことを使うと，

$$\boldsymbol{w}^{MD} = \frac{1}{\boldsymbol{\iota}' \boldsymbol{w}^*} \boldsymbol{w}^* = \frac{1}{\boldsymbol{\iota}' \boldsymbol{\Lambda}^{-1} \tilde{\boldsymbol{w}}^*} \boldsymbol{\Lambda}^{-1} \tilde{\boldsymbol{w}}^* = \frac{1}{\boldsymbol{\iota}' \boldsymbol{\Lambda}^{-1} \bar{\boldsymbol{R}}^{-1} \boldsymbol{\iota}} \boldsymbol{\Lambda}^{-1} \bar{\boldsymbol{R}}^{-1} \boldsymbol{\iota}$$
$$= \frac{1}{\boldsymbol{\iota}' \boldsymbol{\Sigma}^{-1} \boldsymbol{\sigma}} \boldsymbol{\Sigma}^{-1} \boldsymbol{\sigma}, \tag{5.30}$$

として与えられる．この両辺に左から $\boldsymbol{\Sigma}$ を掛けると

$$\boldsymbol{\Sigma} \boldsymbol{w}^{MD} = \sigma(\boldsymbol{w}^{MD}) \frac{\partial \sigma(\boldsymbol{w}^{MD})}{\partial \boldsymbol{w}} = \frac{1}{\boldsymbol{\iota}' \boldsymbol{\Sigma}^{-1} \boldsymbol{\sigma}} \boldsymbol{\sigma},$$

と書き換えられることから，最大分散度ポートフォリオ $\boldsymbol{w}^{MD}$ では

$$\frac{1}{\sigma_1} \frac{\partial \sigma(\boldsymbol{w}^{MD})}{\partial w_1} = \cdots = \frac{1}{\sigma_N} \frac{\partial \sigma(\boldsymbol{w}^{MD})}{\partial w_N}, \tag{5.31}$$

というリスク寄与度の均等化が成り立つように投資比率を決めていることになる．

ここでも資産収益率の間の相関係数がすべて同じ ρ である場合を考えよう．

最大分散度ポートフォリオの性質

(i) 資産収益率の間の相関係数がすべて同じ ρ である場合には

$$w_n^{MD} = \frac{\sigma_n^{-1}}{\sum_{n=1}^N \sigma_n^{-1}}, \quad (n = 1, \dots, N), \tag{5.32}$$

である．

(ii) $\sigma_1^2 = \cdots = \sigma_n^2 = \sigma^2$ で資産収益率の間の相関係数がすべて同じ ρ であるとき，最大分散度ポートフォリオは $1/N$ ポートフォリオに等しい．

(i) の証明

(5.30) 式の $\bar{\boldsymbol{R}}$ に (5.20) 式の $\bar{\boldsymbol{R}}$ を代入すると，$\bar{\boldsymbol{R}}^{-1} \boldsymbol{\iota} = \frac{1}{1 + \rho(n-1)} \boldsymbol{\iota}$ であることから，

$$\boldsymbol{w}^{MD} = \frac{1}{\boldsymbol{\iota}' \boldsymbol{\Lambda}^{-1} \bar{\boldsymbol{R}}^{-1} \boldsymbol{\iota}} \boldsymbol{\Lambda}^{-1} \bar{\boldsymbol{R}}^{-1} \boldsymbol{\iota} = \frac{1}{\boldsymbol{\iota}' \boldsymbol{\Lambda}^{-1} \boldsymbol{\iota}} \boldsymbol{\Lambda}^{-1} \boldsymbol{\iota},$$

となる．したがって，(5.32) 式が成り立つことがわかる． □

<u>(ii) の証明</u>

(5.32) 式より明らか. □

性質 (i) と (ii) より, 均一相関の場合は最大分散度ポートフォリオとリスクパリティ・ポートフォリオは同値であり, さらに資産収益率の分散がすべて等しいときに $1/N$ ポートフォリオは最大分散度ポートフォリオの特殊例となることがわかる.

▶ リスク寄与度の均等化によるポートフォリオ選択

コード **5.4** pyfin_risk_parity.py

```python
# -*- coding: utf-8 -*-
#    NumPyの読み込み
import numpy as np
#    NumPyのLinalgモジュールの読み込み
import numpy.linalg as lin
#    SciPyのoptimizeモジュールの読み込み
import scipy.optimize as opt
#%% リスク寄与度の均等化によるポートフォリオ選択
Mu = np.array([1.0, 3.0, 1.5, 6.0, 4.5])
Stdev = np.array([5.0, 10.0, 7.5, 15.0, 11.0])
CorrMatrix = np.array([[1.00, 0.25, 0.18, 0.10, 0.25],
                       [0.25, 1.00, 0.36, 0.20, 0.20],
                       [0.18, 0.36, 1.00, 0.25, 0.36],
                       [0.10, 0.20, 0.25, 1.00, 0.45],
                       [0.25, 0.20, 0.36, 0.45, 1.00]])
Sigma = np.diag(Stdev).dot(CorrMatrix).dot(np.diag(Stdev))
iota = np.ones(Mu.shape)
inv_Sigma = lin.inv(Sigma)
Weight_1N = np.tile(1.0/Mu.shape[0], Mu.shape[0])
Weight_MV = inv_Sigma.dot(iota)/(iota.dot(inv_Sigma).dot(iota))
Weight_MD = inv_Sigma.dot(Stdev)/(iota.dot(inv_Sigma).dot(Stdev))
F = lambda v, Sigma: np.r_[Sigma.dot(v[:-1])-v[-1]/v[:-1], v[:-1].sum()-1.0]
Weight_RP = opt.root(F, np.r_[Weight_1N, 0.0], args=Sigma).x[:-1]
np.set_printoptions(formatter={'float': '{:7.2f}'.format})
print(np.c_[Weight_1N, Weight_MV, Weight_RP, Weight_MD]*100)
```

それではリスク寄与度の均等化によるポートフォリオ選択の Python 演習を行おう. コード 5.4 を実行すると, 表 4.1 に与えられている標準偏差と相関係数行列を用いて,

- 大域的最小分散ポートフォリオ $\boldsymbol{w}^{MV}$
- リスクパリティ・ポートフォリオ $\boldsymbol{w}^{RP}$
- 最大分散度ポートフォリオ $\boldsymbol{w}^{MD}$

を計算してコンソールに出力する（参考として $1/N$ ポートフォリオ $\boldsymbol{w}^{1/N}$ も合わせて出力している）. 出力結果は表 5.1 にまとめられている. 大域的最小分散ポートフォ

表 5.1　リスク寄与度の均等化によるポートフォリオの投資比率

		ポートフォリオの投資比率 (%)			
資産	標準偏差	$\boldsymbol{w}^{1/N}$	$\boldsymbol{w}^{MV}$	$\boldsymbol{w}^{RP}$	$\boldsymbol{w}^{MD}$
1	5.0	20.00	69.77	36.52	42.81
2	10.0	20.00	3.79	16.78	16.10
3	7.5	20.00	23.33	21.39	19.22
4	15.0	20.00	2.98	11.35	12.61
5	11.0	20.00	0.14	13.96	9.26

リオは，標準偏差が最も小さい資産 1 に 7 割近くを投資する一方で資産 5 にはほとんど投資しないというバランスが悪そうなポートフォリオになっている．しかし，リスクパリティ・ポートフォリオや最大分散度ポートフォリオでは，もっと分散化された投資比率となっている．

Python コード 5.4 の以下の部分で実際にポートフォリオの投資比率を計算している．

```
19  Weight_1N = np.tile(1.0/Mu.shape[0], Mu.shape[0])
20  Weight_MV = inv_Sigma.dot(iota)/(iota.dot(inv_Sigma).dot(iota))
21  Weight_MD = inv_Sigma.dot(Stdev)/(iota.dot(inv_Sigma).dot(Stdev))
22  F = lambda v, Sigma: np.r_[Sigma.dot(v[:-1])-v[-1]/v[:-1], v[:-1].sum()-1.0]
23  Weight_RP = opt.root(F, np.r_[Weight_1N, 0.0], args=Sigma).x[:-1]
24  np.set_printoptions(formatter={'float': '{:7.2f}'.format})
25  print(np.c_[Weight_1N, Weight_MV, Weight_RP, Weight_MD]*100)
```

第 20 行の大域的最小分散ポートフォリオ Weight_MV と第 21 行の最大分散度ポートフォリオ Weight_MD は，それぞれ (5.19) 式と (5.30) 式をそのまま適用しているだけである．しかし，リスクパリティ・ポートフォリオ Weight_RP を求めるには非線形連立方程式 (5.24) を解かなければならない．このために SciPy の optimize モジュールで用意されている opt.root() を使う（optimize モジュールは第 7 行で opt として読み込まれている）．この opt.root() はベクトル値を返す関数がゼロに等しくなる点を探索する関数であり，その基本的な用法は

```
結果 = opt.root(関数,初期値,args=他の変数, ...)
```

である．ここで「関数」はゼロに等しくなる点を求めたい関数，「初期値」は探索を始める点，「他の変数」とは「関数」の中で固定されている他の変数のことを指し，複数存在するときはタプルにまとめて指定する．(5.24) 式の解 $v = [\boldsymbol{w}; \kappa]$ は

$$F(\boldsymbol{v}) = \begin{bmatrix} \boldsymbol{\Sigma}\boldsymbol{w} - \dfrac{\kappa}{\boldsymbol{w}} \\ \boldsymbol{\iota}'\boldsymbol{w} - 1 \end{bmatrix}, \tag{5.33}$$

というベクトル値関数において $F(\boldsymbol{v}) = \boldsymbol{0}$ を満たす点 $\boldsymbol{v}$ と同値である．したがっ

て，まず第22行において (5.33) 式の関数 F を定義し，$F(\boldsymbol{v}) = \boldsymbol{0}$ の解を第23行の
opt.root(...) で求めている．Pythonでの関数の定義の方法として，今までは def
文を使ってきたが，もう一つの関数の定義方法である lambda 式をここで紹介しよう．
lambda 式を使うと，

```
関数 = lambda 変数 1, 変数 2, ... : 数式表現
```

とすることで，与えた変数を代入して数式表現を評価して得られた値を返す関数を
定義できる．第22行に戻ると，lambda 式で定義されている F は，与えられた変数
v と Sigma を使って，(5.33) 式の右辺のベクトルを返す関数である．なお v[-1] は
NumPy 配列 v の最後の要素，つまり κ に，v[:-1] は v の最後の要素を除いた部
分，つまり $\boldsymbol{w}$ に対応している．opt.root(...) が返す結果の中で $F(\boldsymbol{v}) = \boldsymbol{0}$ の解
は opt.root(...).x という NumPy 配列として格納されているので，第23行では
Weight_RP = opt.root(...).x[:-1] として解の中で $\boldsymbol{w}^{RP}$ に対応する部分だけを
取り出して Weight_RP に保存している．最後の第24行と第25行では見栄えよく4種
類の投資比率をコンソール上に表示するための処理を行っている．第25行の print()
は，コンソールに変数の内容を表示するための Python の標準関数である．第24行
の np.set_printoptions() は，この print() が出力する NumPy 配列の表示形式
を指定する関数で，ここでは配列内の数値を小数点を含む全体で7桁，小数点以下を
2桁に表示するというオプションを設定している．コンソールへの出力結果は以下の
ようになる．

```
[[ 20.00   69.77   36.52   42.81]
 [ 20.00    3.79   16.78   16.10]
 [ 20.00   23.33   21.39   19.22]
 [ 20.00    2.98   11.35   12.61]
 [ 20.00    0.14   13.96    9.26]]
```

5.3 パッシブ運用におけるトラッキングエラー最小化問題

投資ファンドの運用方法に，ベンチマークとなるインデックス（例えば日経平均株
価）にポートフォリオの価値が連動するように資産配分を決めていく手法がある．これ
をパッシブ運用という[*5]．ここで y_t を時点 t におけるベンチマークとなるインデッ
クスの収益率とし，N 種類の資産でポートフォリオを構成してインデックスに連動す

[*5]　これに対してファンドマネジャーの裁量で市場を上回る収益を目指す手法をアクティブ運用とい
　　う．

るパッシブ運用を行うことを考える.

　ここで問題となるのは,実際のポートフォリオの収益率がインデックスの収益率から大きく乖離してしまう可能性である. 今まで使っていた表記を使うと, この乖離は

$$e_t = y_t - \boldsymbol{r}'_t \boldsymbol{w}, \tag{5.34}$$

と定義される. これをパッシブ運用のトラッキングエラーと定義する. できるだけトラッキングエラーが小さくなるように投資比率を決定するのが, トラッキングエラー最小化問題の目的である.

　ここで $t = 1, \ldots, T$ の各時点での収益率のデータがあり, 平均2乗誤差でトラッキングエラーの大小を測るとすると

$$\frac{1}{T} \sum_{i=1}^{n} (y_t - \boldsymbol{r}'_t \boldsymbol{w})^2,$$

を最小にする $\boldsymbol{w}$ を求める問題としてトラッキングエラー最小化問題が定式化される.

$$\boldsymbol{y} = \begin{bmatrix} y_1 \\ \vdots \\ y_T \end{bmatrix}, \quad \boldsymbol{R} = \begin{bmatrix} \boldsymbol{r}'_1 \\ \vdots \\ \boldsymbol{r}'_T \end{bmatrix}, \quad \boldsymbol{e} = \begin{bmatrix} e_1 \\ \vdots \\ e_T \end{bmatrix},$$

とすると, トラッキングエラー最小化問題は

$$\begin{aligned} \min_{\boldsymbol{w},\boldsymbol{e}} \quad & \frac{1}{T} \sum_{t=1}^{T} e_t^2, \\ \text{s.t.} \quad & \boldsymbol{y} - \boldsymbol{R}\boldsymbol{w} = \boldsymbol{e}, \quad \boldsymbol{\iota}'\boldsymbol{w} = 1, \\ & w_1 \geqq 0, \cdots, w_N \geqq 0, \end{aligned} \tag{5.35}$$

として与えられることになる.

▶　トラッキングエラー最小化問題

コード 5.5　pyfin_min_tracking_error.py

```
1  # -*- coding: utf-8 -*-
2  #   NumPyの読み込み
3  import numpy as np
4  #   SciPyのstatsモジュールの読み込み
5  import scipy.stats as st
6  #   CVXPYの読み込み
7  import cvxpy as cvx
8  #   Pandasの読み込み
9  import pandas as pd
10 #   MatplotlibのPyplotモジュールの読み込み
11 import matplotlib.pyplot as plt
```

```
12  #    日本語フォントの設定
13  from matplotlib.font_manager import FontProperties
14  import sys
15  if sys.platform.startswith('win'):
16      FontPath = 'C:\Windows\Fonts\meiryo.ttc'
17  elif sys.platform.startswith('darwin'):
18      FontPath = '/System/Library/Fonts/ヒラギノ角ゴシック W4.ttc'
19  elif sys.platform.startswith('linux'):
20      FontPath = '/usr/share/fonts/truetype/takao-gothic/TakaoExGothic.ttf'
21  jpfont = FontProperties(fname=FontPath)
22  #%% 収益率データの読み込みとベンチマークの生成
23  R = pd.read_csv('asset_return_data.csv', index_col=0)
24  R = R.asfreq(pd.infer_freq(R.index))
25  T = R.shape[0]
26  N = R.shape[1]
27  np.random.seed(8888)
28  BenchmarkIndex = R.dot(np.tile(1.0/N, N)) + st.norm(0.0, 3.0).rvs(T)
29  #%% トラッキングエラー最小化問題のバックテスト
30  MovingWindow = 96
31  BackTesting = T - MovingWindow
32  V_Tracking = np.zeros(BackTesting)
33  Weight = cvx.Variable(N)
34  Error = cvx.Variable(MovingWindow)
35  TrackingError = cvx.sum_squares(Error)
36  Asset_srT = R/np.sqrt(T)
37  Index_srT = BenchmarkIndex/np.sqrt(T)
38  for Month in range(0, BackTesting):
39      Asset = Asset_srT.values[Month:(Month + MovingWindow),:]
40      Index = Index_srT.values[Month:(Month + MovingWindow)]
41      Min_TrackingError = cvx.Problem(cvx.Minimize(TrackingError),
42                                     [Index - Asset*Weight == Error,
43                                      cvx.sum_entries(Weight) == 1.0,
44                                      Weight >= 0.0])
45      Min_TrackingError.solve()
46      V_Tracking[Month] = R.values[Month + MovingWindow,:].dot(Weight.value)
47  #%% バックテストの結果のグラフ
48  fig1 = plt.figure(1, facecolor='w')
49  plt.plot(R.index[MovingWindow:], BenchmarkIndex[MovingWindow:], 'k-')
50  plt.plot(R.index[MovingWindow:], V_Tracking, 'k--')
51  plt.legend([u'ベンチマーク・インデックス', u'インデックス・ファンド'],
52             loc='best', frameon=False, prop=jpfont)
53  plt.xlabel(u'運用期間（年）', fontproperties=jpfont)
54  plt.ylabel(u'収益率（%）', fontproperties=jpfont)
```

```
55 │ plt.xticks(list(range(12, Backtesting + 1, 12)),
56 │         pd.date_range(R.index[MovingWindow], periods=BackTesting//12,
57 │               freq='AS').year)
58 │ plt.show()
```

　それではトラッキングエラー最小化問題の Python 演習を行おう. コード 5.5 が実行コードである. ここでも第 4 章と本章で使ってきた人工データ asset_return_data.csv を使用する. まずデータを読み込んだ後で第 28 行で 5 資産の収益率からベンチマーク・インデックスを生成している.

```
28 │ BenchmarkIndex = R.dot(np.tile(1.0/N, N)) + st.norm(0.0, 3.0).rvs(T)
```

　ここでは人工的なベンチマーク・インデックスとして, 5 資産からなる $1/N$ ポートフォリオに正規分布 $\mathcal{N}(0, 9)$ のノイズを加えたものを使用する.

　次にトラッキングエラー最小化のバックテストを行う. テストのデザインとしては

　　ステップ 1　学習期間を 96 ヶ月とし, この期間のデータでトラッキングエラー最小化問題 (5.35) を解いて最適投資比率を求める.

　　ステップ 2　この投資比率で翌月運用し, トラッキングエラーを評価する.

　　ステップ 3　学習期間を 1 ヶ月ずらして (所謂ムービング・ウィンドウ), ステップ 1 に戻る.

以上の作業を 120 ヶ月 − 96 ヶ月 = 24 ヶ月のデータに対して適用する. この結果が図 5.5 にプロットされている. これは人工データであるが, トラッキングエラー最小化問題 (5.35) の最適投資比率で構築したインデックス・ファンドがベンチマーク・インデックスの収益率を概ねトレースしていることがわかる.

　コード 5.5 においてバックテストを実行している箇所が第 29~46 行である. 第 41~44 行で設定されている最小化問題は, 制約式が若干異なる点を除いて基本的に (4.19) 式や (5.11) 式の最小化問題と同じである. for ループの中で最小化問題 Min_TrackingError を毎回設定し直すことで, ムービング・ウィンドウが動くたびに Index と Asset の内容が変化することに対応している. そして, ループの最後の第 46 行で毎月の運用結果が V_Tracking に保存される. なお第 36~37 行において np.sqrt(T) で割っているのは, トラッキングエラー最小化問題 (5.35) を ℓ_2 ノルム最小化問題に変換するためである.

```
29 │ #%% トラッキングエラー最小化問題のバックテスト
30 │ MovingWindow = 96
31 │ BackTesting = T - MovingWindow
32 │ V_Tracking = np.zeros(BackTesting)
33 │ Weight = cvx.Variable(N)
```

```
34  Error = cvx.Variable(MovingWindow)
35  TrackingError = cvx.sum_squares(Error)
36  Asset_srT = R/np.sqrt(T)
37  Index_srT = BenchmarkIndex/np.sqrt(T)
38  for Month in range(0, BackTesting):
39      Asset = Asset_srT.values[Month:(Month + MovingWindow),:]
40      Index = Index_srT.values[Month:(Month + MovingWindow)]
41      Min_TrackingError = cvx.Problem(cvx.Minimize(TrackingError),
42                                [Index - Asset*Weight == Error,
43                                 cvx.sum_entries(Weight) == 1.0,
44                                 Weight >= 0.0])
45      Min_TrackingError.solve()
46      V_Tracking[Month] = R.values[Month + MovingWindow,:].dot(Weight.value)
```

最後に第 47~58 行で図 5.5 を作成している．ここで新たに説明すべき事項は少ない
が，第 55~57 行で横軸の刻みを年単位に設定し直している方法は覚えておくと便利
だろう．

```
55  plt.xticks(list(range(12, Backtesting + 1, 12)),
56           pd.date_range(R.index[MovingWindow], periods=BackTesting//12,
57                         freq='AS').year)
```

periods=BackTesting//12 はバックテストの期間を年ごと（12 ヶ月ごと）に分割し
た数の分だけ刻みを作成することを指定している．また，freq='AS' は年初の時点を
年の刻みにするためオプションである．

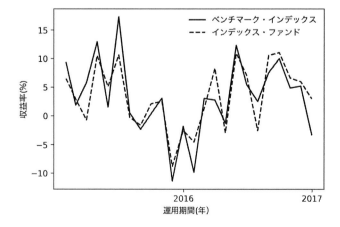

図 5.5　トラッキングエラー最小化のバックテスト

6 オプション価格の数値的評価

　無裁定条件に基づくヨーロピアン・オプションの価格評価法が Black and Scholes (1973) によって発見されて以降，金融派生商品（デリバティブ）の価格評価法の研究は急速に発展してきた．これと歩調を合わせてデリバティブ取引の市場は大きく拡大したが，商品としてのデリバティブの複雑さゆえのリスク管理の難しさから 2008 年の世界金融危機の深刻化の遠因になったともされる．本章では，デリバティブの代表格であるオプション取引の概要を説明し，その価格を二項モデルで評価する方法を解説する．

6.1　オプション取引と無裁定

　オプション取引あるいは単にオプションとは，特定の資産（株式，債券，金利，通貨，商品など）を契約時に設定した条件（取引を行う期日や価格など）で売買する権利を指す[*1]．買う権利をコールオプション，売る権利をプットオプションという．契約で定められたオプション取引の対象となる資産を原資産，契約で定められた売買価格を行使価格と呼ぶ．あらかじめ決められた期日（**権利行使期日**）でのみ行使できるオプションがヨーロピアン・オプション，オプションが発効してから失効するまでの期間（**権利行使期間**）中であればいつでも行使できるオプションがアメリカン・オプションである．以下ではヨーロピアン・オプションの権利行使期日とアメリカン・オプションが失効する期日（**権利行使期間満了日**）を合わせて満期日と呼ぶことにする．今後の説明で使用する表記を以下にまとめておく．

[*1]　オプション取引とは似て非なる取引に先物（先渡）取引がある．先物取引とは，売買を行う資産，期日，価格をあらかじめ契約で定めておく取引である．しかし，オプション取引と異なり，先物取引は売買の「義務」であって「権利」ではないから，たとえ取引の結果損失を被る事態になっても必ず契約を履行しなければならない

K: 行使価格

T: 満期日

t: 時点 $(0 \leqq t \leqq T)$

r: 固定利率 （連続複利を仮定）

$S(t)$: 時点 t における原資産価格

$c(t)$: 時点 t におけるヨーロピアン・コールオプション価格

$p(t)$: 時点 t におけるヨーロピアン・プットオプション価格

$C(t)$: 時点 t におけるアメリカン・コールオプション価格

$P(t)$: 時点 t におけるアメリカン・プットオプション価格

オプションの買い手にとってオプションは売買の権利であるから，オプションの買い手にはオプションを行使しないという選択肢がある．しかし，オプションの売り手にとってはオプションの契約は履行しなければならない義務である．この買い手と売り手の間にある非対称性がオプションに価格が付く理由である．これをもう少し詳しく説明しよう．仮に行使価格 K のコールオプションがあるとしよう．原資産は市場で取引されていて価格 $S(t)$ は日々変動していると仮定する．そして，満期日 T になったときに $S(T) > K$ であったとしよう．行使価格 K よりも市場価格 $S(T)$ が高いので，コールオプションの買い手はオプションを行使することで市場価格よりも安く原資産を購入できる．これはお得である．この得した金額を利得と呼ぼう．しかし，もし $S(T) < K$ であったらどうだろうか．この場合にコールオプションを行使してしまうと市場価格よりも高く原資産を買わされることになる．これは大損である．したがって，コールオプションの買い手は保有するオプションを行使せず，そのまま失効させた方が得であるという結論に至る．まとめると，コールオプションの買い手の利得は以下のようになる．

コールオプションの買い手の利得 $= \max\{S(T) - K, 0\}$

$$= \begin{cases} S(T) - K, & (S(T) > K), \\ 0, & (S(T) \leqq K), \end{cases} \quad (6.1)$$

(6.1) 式から明らかなように，コールオプションの買い手は損をすることがない．利得は最悪 0 に過ぎないのである（損をするなら権利を放棄するだけである）．一方，同じコールオプションの売り手の利得はどうだろうか．$S(T) > K$ の場合，市場価格よりも安く原資産をコールオプションの買い手に売らなければならない．これは義務なので他に選択肢はない．先ほどの説明の通り，コールオプションの買い手は利益を確定するために必ず権利を行使してくるからである．そのためコールオプションの売り手は $K - S(T)$ の損失を被ることになる（ここでは負の値を損失とする）．一方，$S(T) < K$

表 **6.1**　オプションの利得

	買い手	売り手
コールオプション	$\max\{S(T) - K, 0\}$	$\min\{K - S(T), 0\}$
プットオプション	$\max\{K - S(T), 0\}$	$\min\{S(T) - K, 0\}$

の場合にはコールオプションの売り手は市場価格よりも高い行使価格で原資産を売ることができるから得するように見える．しかし，残念ながらコールオプションの買い手は損をするから権利を放棄してしまい，コールオプションの売り手には 1 円も入ってこない．まとめるとコールオプションの売り手の利得は以下のようになる．

$$\text{コールオプションの売り手の利得} = \min\{K - S(T), 0\}$$
$$= \begin{cases} K - S(T), & (S(T) > K), \\ 0, & (S(T) \leqq K), \end{cases} \tag{6.2}$$

(6.2) 式を見ると，コールオプションの売り手はオプション取引から何の利益も得られないことがわかる．また，

$$\underbrace{\max\{S(T) - K, 0\}}_{\text{コールオプションの買い手の利得}} + \underbrace{\min\{K - S(T), 0\}}_{\text{コールオプションの売り手の利得}}$$
$$= \max\{S(T) - K, 0\} - \max\{S(T) - K, 0\} = 0,$$

であることから，買い手と売り手の利得の和が必ずゼロであることもわかる．コールオプションの売り手の立場から見ると，オプション取引の契約を結んでも一方的に損をするだけであるから，何らかの金銭的補償がコールオプションの買い手からコールオプションの売り手に支払われない限り，このような契約が結ばれることはない．この金銭的補償がオプションの価格あるいはプレミアムと呼ばれるものである．見方を変えると，コールオプションは買い手にとって原資産の値下がりに対する「保険」のような存在といえよう．コールオプションの買い手はオプション価格という保険料を支払うことで，値下がりの損失を高々オプション価格の水準に抑えることができる．同様にしてプットオプションの買い手と売り手の利得も求めることができる．それらをまとめたものが表 6.1 である．また，オプション取引に関する用語として

- イン・ザ・マネー —— オプションを行使すると利得が正である状態
- アット・ザ・マネー —— オプションを行使すると利得がゼロである状態
- アウト・オブ・ザ・マネー —— オプションを行使すると利得が負である状態

も合わせて覚えておこう．

　オプションには正の価格が必ず付くことは容易に想像できるが，果たして価格をいくらに設定すれば適切なのかという疑問に長年研究者と実務家は悩まされてきた．これに対して一つの答えを出したのが Black and Scholes (1973) による Black-Scholes

の公式である（この公式の導出は本章の数学補論で行う）．Black and Scholes (1973) は，市場における裁定機会の消滅という条件（**無裁定条件**）によってオプション価格を求められることを示した．簡単にいうと，裁定機会とは手持ち資金のない状態から始めて，何らかの取引を繰り返すことで確実に正の利得を稼ぐことができる方法を指す．そのような取引方法を市場で実行することが不可能であるとき，市場で裁定機会が消滅しているという．無裁定条件を使うと以下のようなオプション価格の性質を導出できる．

オプション価格の性質

ここで考えるすべてのオプションの原資産，行使価格，満期日は同一である．さらにオプションの原資産を保有していても利子・配当などのキャッシュフローは生じないと仮定する．

(i) ヨーロピアン・コールオプション価格の上限と下限

$$\max\{S(t) - Ke^{-r(T-t)}, 0\} \leqq c(t) \leqq S(t), \quad 0 \leqq t \leqq T.$$

(ii) ヨーロピアン・プットオプション価格の上限と下限

$$\max\{Ke^{-r(T-t)} - S(t), 0\} \leqq p(t) \leqq Ke^{-r(T-t)}, \quad 0 \leqq t \leqq T.$$

(iii) プット・コール・パリティ

$$S(t) + p(t) = c(t) + Ke^{-r(T-t)}, \quad 0 \leqq t \leqq T. \tag{6.3}$$

(iv) アメリカン・コールオプション価格の上限と下限

$$\max\{S(t) - K, 0\} \leqq C(t) \leqq S(t), \quad 0 \leqq t \leqq T.$$

(v) アメリカン・プットオプションの価格の上限と下限

$$\max\{K - S(t), 0\} \leqq P(t) \leqq K, \quad 0 \leqq t \leqq T.$$

(vi) ヨーロピアン・プットオプションとアメリカン・プットオプションの価格の大小関係

$$p(t) \leqq P(t), \quad 0 \leqq t \leqq T.$$

(vii) アメリカン・コールオプションは満期日前に行使されない．そして，

$$c(t) = C(t), \quad 0 \leqq t \leqq T.$$

(i) の証明

まず上限を証明する．時点 t で $c(t) > S(t)$ が成り立つと仮定する．このときヨー

ロピアン・コールオプションを $c(t)$ で売って，その資金で原資産を $S(t)$ で買うと，

$$c(t) - S(t) > 0,$$

の利得が生じる．さらにオプションの満期日におけるポートフォリオの価値は

$$S(T) + \min\{K - S(T), 0\} = \min\{K, S(T)\} > 0,$$

である．まとめると

時点	利得
t	$c(t) - S(t) > 0$
T	$\min\{K, S(T)\} > 0$

となり，裁定機会が存在している．これは無裁定条件に反するので，$c(t) > S(t)$ となってはならない．よって $c(t) \leqq S(t)$ でなければならない．

次に下限を証明する．$c(t) \leqq 0$ となることはありえないので，$S(t) > Ke^{-r(T-t)}$ が成り立つと仮定して $c(t) \geqq S(t) - Ke^{-r(T-t)}$ を証明する．ある時点 t で $c(t) < S(t) - Ke^{-r(T-t)}$ が成り立つと仮定する．このとき

- 原資産を $S(t)$ で空売り
- 空売りで得た資金の内 $Ke^{-r(T-t)}$ を預金
- 残りの資金でヨーロピアン・コールオプションを $c(t)$ で購入

という取引戦略を考える．すると，時点 t において

$$S(t) - Ke^{-r(T-t)} - c(t) > 0,$$

の利得が生じる．オプションの満期日においては預金は利子と元本を合わせて K になるから，空売りした原資産を買い戻すと満期日におけるポートフォリオの価値は

$$\max\{S(T) - K, 0\} + K - S(T) = \max\{0, K - S(T)\} \geqq 0,$$

となる．まとめると

時点	利得
t	$S(t) - Ke^{-r(T-t)} - c(t) > 0$
T	$\max\{0, K - S(T)\} \geqq 0$

となる．これは無裁定条件に反するので，$c(t) < S(t) - Ke^{-r(T-t)}$ であってはならない．したがって $c(t) \geqq \max\{S(t) - Ke^{-r(T-t)}, 0\}$ でなければならない． □

(ii) の証明

証明は基本的に (i) の証明と同じ方針で行われる．上限については，それが成り立

たないときヨーロピアン・プットオプションを売って $Ke^{-r(T-t)}$ を預金すると,裁定機会が生じることを示せば証明できる.

時点	利得
t	$p(t) - Ke^{-r(T-t)} > 0$
T	$\min\{S(T) - K, 0\} + K = \min\{S(T), K\} > 0$

下限については,それが成り立たないとき $Ke^{-r(T-t)}$ を借りて資産を $S(t)$ で買いヨーロピアン・プットオプションを $p(t)$ で買うと,裁定機会が生じることを示せば証明できる.

時点	利得
t	$Ke^{-r(T-t)} - S(t) - p(t) > 0$
T	$\underbrace{S(T) + \max\{K - S(T), 0\} - K}_{\max\{0, S(T)-K\}} \geqq 0$

□

(iii) の証明

以下のような 2 つの取引戦略を考える.

戦略 A 株式 $S(t)$ とヨーロピアン・プットオプション $p(t)$ を保有する.

戦略 B ヨーロピアン・コールオプション $c(t)$ と安全利子率 r の預金 $Ke^{-r(T-t)}$ を保有する.

ここで各オプションは同じ満期日と行使価格を持つとする.戦略 A における満期日でのポートフォリオの価値は

$$S(T) + \max\{K - S(T), 0\} = \max\{K, S(T)\},$$

であり,戦略 B における満期日でのポートフォリオの価値は

$$\max\{S(T) - K, 0\} + K = \max\{S(T), K\},$$

である.つまり両者の満期日での価値は等しい.したがって,満期日までの各時点においても両者の価値は等しくなければならない.そうでなければ裁定機会が存在してしまうからである.よって

$$S(t) + p(t) = c(t) + Ke^{-r(T-t)},$$

が成り立つ. □

(iv) の証明

これも (i) と同じ方法で証明できる. まず上限を証明する. 時点 t で $C(t) > S(t)$ が成り立つと仮定する. このときアメリカン・コールオプションを $C(t)$ で売って, その資金で原資産を $S(t)$ で買うと,

$$C(t) - S(t) > 0,$$

の利得が生じる. 満期日 T までにオプションが行使されれば手元にある原資産は現金化され, 行使されなくとも手元に原資産が残るから損はない. したがって, $C(t) \leqq S(t)$ でなければならない.

次に下限を証明する. $C(t) \leqq 0$ となることはありえないので, $S(t) > K$ が成り立つと仮定して $C(t) \geqq S(t) - K$ を証明する. ある時点 t で $C(t) < S(t) - K$ が成り立つと仮定する. このときアメリカン・コールオプションを $C(t)$ で買って, 即行使すると

$$S(t) - K - C(t) > 0,$$

の利得が生じる. これも裁定機会であるから, $C(t) \geqq S(T) - K$ でなければならない.

□

(v) の証明

まず行使価格 K のアメリカン・プットオプションの売り手の損失の最大値は K であることを思い出そう. 上限が成り立っていないとき, つまり $P(t) > K$ になった時点でアメリカン・プットオプションを $P(t)$ で売っておけば, 最悪でも K の損失であるから

$$P(t) - K > 0,$$

で確実に儲かる. よって裁定機会が消滅するためには $P(T) \leqq K$ でなければならない.

次に下限を証明する. やはり $P(t) < 0$ となることはありえないので, $S(t) < K$ が成り立つと仮定して $P(t) \geqq K - S(t)$ を証明する. もし時点 t で $P(t) < K - S(t)$ であれば, K を借りて資産を $S(t)$ で買いアメリカン・プットオプションを $P(t)$ で買って, 即行使すると

$$K - S(t) - P(t) > 0,$$

という利得が生じる. したがって, 裁定機会が消滅するためには $P(T) \geqq K - S(t)$ でなければならない.

□

(vi) の証明

時点 t で $p(t) > P(t)$ になったとしよう. このときヨーロピアン・プットオプションを $p(t)$ で売ってアメリカン・プットオプションを $P(t)$ で買うと,

$$p(t) - P(t) > 0,$$

の利得を確定できる．アメリカン・プットオプションは満期日 T の前に行使できるが，オプションの買い手である場合は行使するしないを決める自由がある．そこでアメリカン・プットオプションを満期日まで行使しなかったとすると

$$\underbrace{\max\{K - S(T), 0\}}_{\substack{\text{アメリカン・プットオプション} \\ \text{の買い手としての利得}}} + \underbrace{\min\{S(T) - K, 0\}}_{\substack{\text{ヨーロピアン・プットオプション} \\ \text{の売り手としての利得}}}$$

$$= \max\{K - S(T), 0\} + \max\{-(K - S(T)), 0\} = 0,$$

と 2 つのオプションの利得が相殺し合うので，満期日に損失は発生しない．よって，裁定機会が存在することになる．したがって，無裁定条件を満たすためには $p(t) \leqq P(t)$ でなければならない[*2]．　　　　　　　　　　　　　　　　　　　　　　　　□

(vii) の証明

　アメリカン・コールオプションを時点 t で早期行使するときの利得は $\max\{S(t) - K, 0\}$ である．しかし，性質 (iv) より，これはアメリカン・コールオプションの価格 $C(t)$ の下限に等しい．したがって，早期行使せずアメリカン・コールオプション自体を売って現金化すれば少なくとも同じ利得は得られる．一方，コールオプションの利得は原資産価格の上昇によって青天井で増加するため，オプションが失効する満期日まで粘って原資産価格の値上がりを待つ方が得である．よって，早期行使しても得することがないためアメリカン・コールオプションは満期日においてのみ行使されることになる[*3]．この性質より，アメリカン・コールオプションとヨーロピアン・コールオプションは同等のものになるため，$c(t) = C(t), 0 \leqq t \leqq T$ がいえる．　　　　　□

　オプションなどのデリバティブの価格評価を無裁定条件の下で行う際の理論的基礎となるのが，無裁定理論の基本定理である．

[*2]　$p(t) < P(t)$ のときにアメリカン・プットオプションを売ってヨーロピアン・プットオプションを買ったとしても，アメリカン・プットオプションを買った取引相手が早期行使をしてしまう可能性があるため利得の確定は困難である．

[*3]　アメリカン・プットオプションの場合は利得の上限が行使価格 K であるため，早期行使によって満期日前に利益を確定することに意味が出てくる．また，原資産の保有に伴い配当・利子を受け取れる場合には，コールオプションを早期行使して原資産を保有し配当・利子を獲得するという戦略もありうるから，アメリカン・コールオプションでも早期行使の行われる可能性がある．

| 無裁定理論の基本定理 |

時点 t における資産 $n\,(=1,2)$ の価格を $X_n(t)$ とする.

(i) 確率 1 で $X_1(T) \geqq X_2(T)$ ならば, $X_1(t) \geqq X_2(t),\ (0 \leqq t < T)$.

(ii) 確率 1 で $X_1(T) = X_2(T)$ ならば, $X_1(t) = X_2(t),\ (0 \leqq t < T)$.

(i) の証明

確率 1 で $X_1(T) \geqq X_2(T)$ が成り立つときに時点 t で $X_1(t) < X_2(t)$ が成り立つと仮定する. このとき資産 2 を $X_2(t)$ で空売りし資産 1 を $X_1(t)$ で買うと,

$$X_2(t) - X_1(t) > 0,$$

の利得が生じる. そして, 時点 T において資産 1 を $X_1(T)$ で売り, 資産 2 を $X_2(T)$ で買い戻すと

$$X_1(T) - X_2(T) \geqq 0,$$

の利得が生じる. これは無裁定条件に反するので $X_1(t) \geqq X_2(t)$ でなければならない.
□

(ii) の証明

$X_1(T) = X_2(T)$ が成り立てば, $X_1(T) \geqq X_2(T) \Rightarrow X_1(t) \geqq X_2(t)$ と $X_1(T) \leqq X_2(T) \Rightarrow X_1(t) \leqq X_2(t)$ が同時に成り立つから, $X_1(t) = X_2(t)$ となる.
□

無裁定理論の基本定理は個別資産だけでなくポートフォリオについても成り立つ. デリバティブの利得 $Y(t)$ と全く同じ利得を生み出すポートフォリオ $W(t)$ が存在するならば (このようなポートフォリオを**複製ポートフォリオ**という), 無裁定理論の基本定理より, 確率 1 で $Y(T) = W(T)$ となり, $0 \leqq t < T$ で $Y(t) = W(t)$ が成り立つ. したがって, 契約時点でデリバティブの複製ポートフォリオ[*4)] を構築するために必要な資金 $W(0)$ がデリバティブの価格 $Y(0)$ となる. これは利付債を割引債のセット販売と見なして利付債価格を求めたときに使用した一物一価の法則の拡張である.

[*4)] 市場で取引されている資産を組み合わせて任意のデリバティブに対する複製ポートフォリオを構築できるとき, 市場は完備であるという.

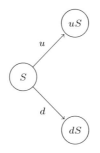

図 **6.1** 1 期間二項モデル

6.2 二項モデルでのオプション価格評価

　無裁定条件の下でオプション価格を評価する手法には様々なものが知られているが，本書では二項モデルと呼ばれる手法を紹介する．二項モデルの原理を説明するために，まずは最も簡単な 1 期間二項モデルを考え，それを一般的な多期間二項モデルに拡張する（図 6.1）．

　時点 t における原資産価格を $S(t)$ とし，1 期間モデルでの期間の長さを Δt とする．さらに期首の資産価格が $S(t) = S$ であり，期末の価格が確率 q $(0 < q < 1)$ で上昇して $S(t+\Delta t) = uS$ になるか，確率 $1-q$ で下落して $S(t+\Delta t) = dS$ になるかの 2 通りの値動きしかしないと仮定する．

$$S(t+\Delta t) = \begin{cases} uS, & (\text{確率 } q), \\ dS, & (\text{確率 } 1-q), \end{cases} \qquad d < u, \quad u = \frac{1}{d}. \tag{6.4}$$

これが 1 期間二項モデルである．(6.4) 式の 1 期間二項モデルで裁定機会が存在しないための条件は

$$d < \delta < u, \quad \delta = e^{r\Delta t}, \tag{6.5}$$

である．これを確認するために，まず $\delta < d < u$ であると仮定しよう．このとき期首に S 円借金をして原資産を購入し期末に δS 円返済しても，$dS - \delta S > 0$ 円の利益を得ることができる．逆に $d < u < \delta$ である場合には，期首に原資産を空売りして得られた S 円を預金して期末に δS 円を引き出して資産を買い戻しても，$\delta S - uS > 0$ 円の利益を得ることができる．よって，どちらの場合も裁定機会が存在することになる．したがって，$d < \delta < u$ でなければ無裁定条件は成り立たないことがわかる．

　それでは無裁定条件の下での 1 期間二項モデルにおけるコールオプション価格を求めよう．時点 t でのコールオプション価格を $c(t)$ とする．コールオプションの利得 $\max\{S(t+\Delta t) - K, 0\}$ だから，$t+\Delta t$ におけるコールオプション価格 $c(t+\Delta t)$ は

$$c(t + \Delta t) = \begin{cases} c_u = \max\{uS - K, 0\}, & (\text{原資産価格が上昇}), \\ c_d = \max\{dS - K, 0\}, & (\text{原資産価格が下落}), \end{cases} \tag{6.6}$$

となる（行使時点におけるオプション価格はオプションの利得に等しい）.

ここで利率 r の銀行預金と原資産からコールオプションの複製ポートフォリオを構築することを考えよう. それは

$$\begin{cases} c_u = a_0 \delta + a_1 uS, \\ c_d = a_0 \delta + a_1 dS, \end{cases} \tag{6.7}$$

を満たす (a_0, a_1) として与えられる. 連立方程式 (6.7) を (a_0, a_1) について解くと,

$$a_0 = \frac{uc_d - dc_u}{(u-d)\delta}, \quad a_1 = \frac{c_u - c_d}{(u-d)S}, \tag{6.8}$$

が得られる. したがって, 無裁定理論の基本定理より期首において複製ポートフォリオ (6.8) を構築するための費用がコールオプションの価格 $c(t)$ になる. つまり,

$$\begin{aligned} c(t) &= a_0 + a_1 S \\ &= \frac{uc_d - dc_u}{(u-d)\delta} + \frac{c_u - c_d}{(u-d)S}S \\ &= \frac{uc_d - dc_u + \delta(c_u - c_d)}{(u-d)\delta} \\ &= \frac{1}{\delta}\left(\frac{\delta - d}{u - d}c_u + \frac{u - \delta}{u - d}c_d\right). \end{aligned} \tag{6.9}$$

ここで

$$q^* = \frac{\delta - d}{u - d}, \tag{6.10}$$

と定義すると, (6.9) 式のコールオプション価格 $c(t)$ は

$$c(t) = \frac{1}{\delta}\{q^* c_u + (1 - q^*)c_d\}, \tag{6.11}$$

に等しいことがわかる. ここで $\frac{1}{\delta}$ は連続複利の利率を r とする割引係数であることに注意しよう. $d < \delta < u$ であるから $0 < q^* < 1$ である. よって, q^* は一種の確率と解釈される. したがって, (6.11) 式の $c(t)$ は, q^* で評価したコールオプションの期待利得（利得の期待値）の現在価値と解釈される. ちなみに

$$\frac{1}{\delta}\{q^* uS + (1 - q^*)dS\} = \frac{(\delta - d)uS + (u - \delta)dS}{(u - d)\delta} = S, \tag{6.12}$$

だから, q^* で期末の原資産価格 $S(t + \Delta t)$ の期待値の現在価値を評価すると期首の原資産価格 S に等しくなることがわかる. このような性質を持つ確率 q^* はファイナンスではリスク中立確率と呼ばれる.

次に 1 期間二項モデルでのプットオプション価格を求めよう．プットオプション価格 $p(t)$ はプット・コール・パリティを使うとコールオプション価格 $c(t)$ から簡単に求められる．

$$p_u = \max\{K - uS, 0\}, \quad p_d = \max\{K - dS, 0\},$$

と定義する．プット・コール・パリティ (6.3) より時点 t において

$$S(t) + p(t) = c(t) + Ke^{-r\Delta t} \quad \Rightarrow \quad c(t) = S(t) - \frac{K}{\delta} + p(t),$$

が成り立ち，時点 $t + \Delta t$ において

$$c_u = uS + p_u - K, \quad c_d = dS + p_d - K,$$

が成り立つ．すると

$$
\begin{aligned}
c(t) &= \frac{1}{\delta}\{q^* c_u + (1 - q^*)c_d\} \\
&= \frac{1}{\delta}\{q^*(uS + p_u - K) + (1 - q^*)(dS + p_d - K)\} \\
&= \frac{1}{\delta}\{\delta S - K + q^* p_u + (1 - q^*)p_d\} \\
&= S - \frac{K}{\delta} + \frac{1}{\delta}\{q^* p_u + (1 - q^*)p_d\} \\
&= S - \frac{K}{\delta} + p(t),
\end{aligned}
$$

がいえるから，プットオプション価格 $p(t)$ は

$$p(t) = \frac{1}{\delta}\{q^* p_u + (1 - q^*)p_d\}, \tag{6.13}$$

と与えられる．つまり，(6.13) 式でもオプション価格はリスク中立確率 q^* で評価した期待利得の現在価値に等しい．

　一般に 1 期間二項モデルに従う原資産のデリバティブの価格は，原資産価格が

$$S(t + \Delta t) = \begin{cases} uS, & (\text{確率 } q^*), \\ dS, & (\text{確率 } 1 - q^*), \end{cases} \tag{6.14}$$

という確率分布に従うと仮定して期待利得の現在価値

デリバティブ価格 = 割引係数 $\times$ ($q^* \times$ 価格上昇時のデリバティブの利得
$$+ (1 - q^*) \times \text{価格下落時のデリバティブの利得}) \tag{6.15}$$

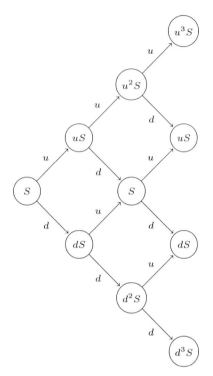

図 **6.2**　3 期間二項モデル

を求めると得られることがわかっている[*5]．(6.14) 式の q^* は (6.4) 式の q とは全く
の別物であることに注意しよう．リスク中立確率 q^* と区別するために (6.4) 式の q は
実確率あるいは**物理確率**と呼ばれる．

　1 期間二項モデルはリスク中立確率によるオプション価格の評価法の説明のためだ
けであれば便利な道具であるが，実現可能な原資産価格の場合分けが uS と dS の 2
種類しかないので実用性に欠ける．そこで，これを一般的な多期間二項モデルに拡張
することにする．契約時点を $t = 0$ とし，満期日までの時間 T を N 期間の等分した
1 期間の長さを $\Delta t = T/N$ と表記する．そして，毎期の原資産価格の変動は (6.4) 式
のように上昇か下落かのどちらかであると仮定する．例えば $N = 3$ の場合，原資産
の価格変動は図 6.2 のような樹形図にまとめられる．このような二項モデルの樹形図
を**二項木** (binomial tree) と呼ぶ．二項モデルでは $d = \frac{1}{u}$ と仮定しているため，価格
が上がってから下がると元の水準に戻ってくる（下がってから上がっても同じ）．そ

[*5]　このことは (6.7) 式のコールオプションの利得（c_u と c_d）を銀行預金と原資産で複製可能な任
意のデリバティブの利得に置き換えることで証明できる．

のため図 6.2 のようにすべての枝が接合することになる．このような二項木を英語で "recombining binomial tree" という．本章では単に数式を簡潔にするために第 n 期 ($n = 1, \ldots, N$) における原資産価格 $S(n\Delta t)$ を S_n と表記しよう．このとき S_n のとりうる値は

$$S_n^{(j)} = u^j d^{n-j} S, \quad (j = 0, 1, \ldots, n),$$

として与えられる．j は第 n 期までに原資産価格が前期と比べて上昇した期の数である．特にオプションの満期日（第 N 期）には

$$\{S_N^{(0)}, S_N^{(1)}, \ldots, S_N^{(N-1)}, S_N^{(N)}\} = \{d^N S, ud^{N-1}S, \ldots, u^{N-1}dS, u^N S\},$$

という $N + 1$ 通りの価格の組み合わせが実現可能である．そして，1 期間の長さをどんどん短くしていく，つまり $N \to \infty$ とすると事実上無限の組み合わせを表現できるようになる．この性質により多期間モデルは 1 期間モデルよりもはるかに柔軟に価格の変動を記述できるのである．さらに (6.4) 式のように原資産価格が上昇する確率が q である仮定すると，S_n が $S_n^{(j)}$ に等しくなる確率は

$$\Pr(S_n = S_n^{(j)}) = \binom{n}{j} q^j (1-q)^{n-j}, \quad (j = 0, 1, \ldots, n), \tag{6.16}$$

で与えられる．これは二項分布と呼ばれる確率分布である．

多期間モデルでも 1 期間モデルの場合の (6.15) 式と同様にリスク中立確率の下での期待利得を求めてオプション価格を評価することができる．そのためには各期において原資産価格が上昇する確率を実確率 q からリスク中立確率 q^* に置き換える，つまり

$$\Pr(S_n = S_n^{(j)}) = \binom{n}{j} q^{*j} (1-q^*)^{n-j}, \quad (j = 0, 1, \ldots, n), \tag{6.17}$$

とするだけで十分である．(6.17) 式の確率分布で S_n の変動が決定されるとき，原資産価格の現在価値の系列を

$$S_n^* = e^{-rn\Delta t} S_n = \frac{S_n}{\delta^n}, \quad (n = 1, \ldots, N),$$

と定義し，$\mathrm{E}^*[\cdot | S_n^*]$ を S_n^* の値が与えられた下での条件付期待値とすると，

$$S_n^* = \mathrm{E}^*[S_m^* | S_n^*], \quad (0 \leqq n \leqq m \leqq N), \tag{6.18}$$

という関係が成り立つことが知られている（証明は数学補論を参照）．この性質をマルチンゲールという．S_n^* がマルチンゲールであるとき，割り引く前の S_n に対しては

$$\frac{S_n}{\delta^n} = \mathrm{E}^*\left[\frac{S_m}{\delta^m} \bigg| \frac{S_n}{\delta^n}\right] \quad \Rightarrow \quad S_n = \frac{1}{\delta^{m-n}} \mathrm{E}^*[S_m | S_n], \tag{6.19}$$

が成り立つ．詳細な証明は省くが，1 期間モデルでのリスク中立確率によるデリバティブの価格公式 (6.15) と同じように多期間モデルでも

デリバティブ価格 = 割引係数 × E*[デリバティブの利得 | 現在の原資産価格],
$$(6.20)$$
という形で無裁定条件の下でのデリバティブの価格公式が与えられる.この文脈にお
いて条件付期待値 $E^*[\cdot]$ を評価するための確率分布は同値マルチンゲール確率測度と
呼ばれる.

したがって,ヨーロピアン・コールオプション価格は

$$
\begin{aligned}
c(0) &= \frac{1}{\delta^N} E^*[\max\{S_N - K, 0\}|S] \\
&= e^{-rN\Delta t} \sum_{j=0}^{N} \binom{N}{j} q^{*j}(1-q^*)^{N-j} \max\{u^j d^{N-j} S - K, 0\} \\
&= e^{-rT} \sum_{j=a}^{N} \binom{N}{j} q^{*j}(1-q^*)^{N-j}(u^j d^{N-j} S - K),
\end{aligned}
$$

となる.ここで a は $u^j d^{N-j} S \geq K$ を満たす最小の j である.最終的にヨーロピア
ン・コールオプション価格の公式は

$$
c(0) = S \sum_{j=a}^{N} \binom{N}{j} q'^{j}(1-q')^{N-j} - Ke^{-rT} \sum_{j=a}^{N} \binom{N}{j} q^{*j}(1-q^*)^{N-j}, \quad (6.21)
$$

$$
q' = e^{-r\Delta t} u q^* = \frac{(\delta - d)u}{(u-d)\delta} = \frac{u - e^{-r\Delta t}}{u-d},
$$

$$
1 - q' = e^{-r\Delta t} d(1-q^*) = \frac{(u-\delta)d}{(u-d)\delta} = \frac{e^{-r\Delta t} - d}{u-d},
$$

で与えられる.

(6.21) 式を直接計算することなく $c(0)$ を求めることもできる.第 n 期までに原資産
価格が j 回上昇したという条件の下でのヨーロピアン・コールオプション価格を $c_n^{(j)}$
$(j = 0, 1, \ldots, n)$ と表記する.まず時点 N はオプションの行使時点であるから,

$$
c_N^{(j)} = \max\{S_N^{(j)} - K, 0\}, \quad (j = 0, 1, \ldots, N),
$$

である.これを使うと $c_{N-1}^{(j)}$ は 1 期間二項モデルの価格公式 (6.11) を使って

$$
c_{N-1}^{(j)} = \frac{1}{\delta}\{q^* c_N^{(j+1)} + (1-q^*)c_N^{(j)}\}, \quad (j = 0, 1, \ldots, N-1),
$$

と求まる.次に時点 $N-2$ におけるヨーロピアン・コールオプション価格を考える.
時点 $N-2$ において資産価格が $S_{N-2}^{(j)}$ であると仮定すると,リスク中立確率 q^* に基
づく第 N 期での原資産価格とオプションの利得の条件付分布は,以下のように与えら
れる.

$$
S_N | S_{N-2}^{(j)} =
\begin{cases}
u^2 S_{N-2}^{(j)} = S_N^{(j+2)}, & (\text{確率 } q^{*2}), \\
ud S_{N-2}^{(j)} = S_N^{(j+1)}, & (\text{確率 } 2q^*(1-q^*)), \\
d^2 S_{N-2}^{(j)} = S_N^{(j)}, & (\text{確率 } (1-q^*)^2),
\end{cases}
$$

$$
c_N | S_{N-2}^{(j)} =
\begin{cases}
\max\{S_N^{(j+2)} - K, 0\} = c_N^{(j+2)}, & (\text{確率 } q^{*2}), \\
\max\{S_N^{(j+1)} - K, 0\} = c_N^{(j+1)}, & (\text{確率 } 2q^*(1-q^*)), \\
\max\{S_N^{(j)} - K, 0\} = c_N^{(j)}, & (\text{確率 } (1-q^*)^2).
\end{cases}
$$

したがって $c_{N-2}^{(j)}$ は,

$$
\begin{aligned}
c_{N-2}^{(j)} &= \frac{1}{\delta^2} \mathrm{E}^*[\max\{S_N - K, 0\} | S_{N-2}^{(j)}] \\
&= \frac{1}{\delta^2} \{ q^{*2} c_N^{(j+2)} + 2q^*(1-q^*) c_N^{(j+1)} + (1-q^*)^2 c_N^{(j)} \} \\
&= \frac{1}{\delta} \Bigg[q^* \underbrace{\frac{1}{\delta} \{ q^* c_N^{(j+2)} + (1-q^*) c_N^{(j+1)} \}}_{c_{N-1}^{(j+1)}} \\
&\qquad + (1-q^*) \underbrace{\frac{1}{\delta} \{ q^* c_N^{(j+1)} + (1-q^*) c_N^{(j)} \}}_{c_{N-1}^{(j)}} \Bigg] \\
&= \frac{1}{\delta} \{ q^* c_{N-1}^{(j+1)} + (1-q^*) c_{N-1}^{(j)} \},
\end{aligned}
$$

となる. 一般に $\{c_n^{(j)}\}_{j=0}^n$ が与えられると $\{c_{n-1}^{(j)}\}_{j=0}^{n-1}$ は,

$$
c_{n-1}^{(j)} = \frac{1}{\delta} \{ q^* c_n^{(j+1)} + (1-q^*) c_n^{(j)} \}, \tag{6.22}
$$

で求められる. (6.22) 式を $n = N, N-1, N-2, \ldots, 2, 1$ と後ろ向きに適用していくと, 最終的に

$$
c(0) = \frac{1}{\delta} \{ q^* c_1^{(1)} + (1-q^*) c_1^{(0)} \}, \tag{6.23}
$$

によってヨーロピアン・コールオプション価格が求まる. (6.23) 式は (6.21) 式と全く同じ計算結果をもたらす.

▶ オプション価格の二項モデルによる評価

コード 6.1 `pyfin_option_pricing.py`

```python
# -*- coding: utf-8 -*-
#   NumPyの読み込み
import numpy as np
#   原資産価格の二項木の生成
def Binomial_Price_Tree(CurrentPrice, Uptick, NumberOfPeriods):
```

```
 6      #        CurrentPrice: 現時点の原資産価格
 7      #           Uptick: 原資産価格の上昇率( この逆数が下落率)
 8      #     NumberOfPeriods: 満期までの期間数
 9      #           Output: 原資産価格の二項木
10      Price = np.array([CurrentPrice])
11      yield Price
12      for i in range(NumberOfPeriods):
13          Price = np.r_[Price * Uptick, Price[-1] / Uptick]
14          yield Price
15  #    ヨーロピアン・オプション価格の計算
16  def European_Option_Pricing(Payoff, DiscountFactor, RiskNeutralProb):
17      #            Payoff: 利得の二項木
18      #     DiscountFactor: 割引係数
19      #     RiskNeutralProb: リスク中立確率
20      #           Output: オプション価格の二項木
21      Premium = Payoff[-1]
22      yield Premium
23      for i in range(len(Payoff) - 1):
24          Premium = (RiskNeutralProb * Premium[:-1] +
25                  (1.0 - RiskNeutralProb) * Premium[1:]) * DiscountFactor
26          yield Premium
27  #    アメリカン・オプション価格の計算
28  def American_Option_Pricing(Payoff, DiscountFactor, RiskNeutralProb):
29      #            Payoff: 利得の二項木
30      #     DiscountFactor: 割引係数
31      #     RiskNeutralProb: リスク中立確率
32      #           Output: オプション価格の二項木
33      Premium = Payoff[-1]
34      yield Premium
35      for i in range(2, len(Payoff) + 1):
36          Premium = np.maximum(Payoff[-i],
37                  (RiskNeutralProb * Premium[:-1] +
38                  (1.0 - RiskNeutralProb) * Premium[1:]) * DiscountFactor)
39          yield Premium
40  #%% オプション価格の計算
41  S = 100.0
42  K = 100.0
43  u = 1.05
44  d = 1.0/u
45  f = 1.02
46  N = 3
47  q = (f - d) / (u - d)
48  Price = [S for S in Binomial_Price_Tree(S, u, N)]
```

```
49  Payoff_Call = [np.maximum(S - K, 0.0) for S in Price]
50  European_Call = [C for C in European_Option_Pricing(Payoff_Call, 1.0/f, q)]
51  Payoff_Put = [np.maximum(K - S, 0.0) for S in Price]
52  European_Put = [P for P in European_Option_Pricing(Payoff_Put, 1.0/f, q)]
53  American_Put = [P for P in American_Option_Pricing(Payoff_Put, 1.0/f, q)]
```

それでは Python でヨーロピアン・オプションの価格を計算する演習を行おう．コード 6.1 がオプション価格計算用のコードである．第 41〜46 行で二項モデルの基本設定を行っている．

```
40  #%% オプション価格の計算
41  S = 100.0
42  K = 100.0
43  u = 1.05
44  d = 1.0/u
45  f = 1.02
46  N = 3
47  q = (f - d) / (u - d)
```

このコードでは

$$S = 100,\ K = 100,\ u = 1.05,\ \delta = 1.02,\ N = 3,$$

としている．コード内の f が本文での δ に相当する．そして，第 47 行でリスク中立確率 q^*（コード内では q）を求めている．続く第 48 行で関数 Binomial_Price_Tree() を使って図 6.3 の二項木を作成している．

```
48  Price = [S for S in Binomial_Price_Tree(S, u, N)]
```

この関数 Binomial_Price_Tree() ではジェネレータと呼ばれる Python の機能を活用しているので，それについて解説しよう．関数本体は第 4〜14 行で定義されている．

```
4   #    原資産価格の二項木の生成
5   def Binomial_Price_Tree(CurrentPrice, Uptick, NumberOfPeriods):
6       #       CurrentPrice: 現時点の原資産価格
7       #             Uptick: 原資産価格の上昇率( この逆数が下落率)
8       #    NumberOfPeriods: 満期までの期間数
9       #             Output: 原資産価格の二項木
10      Price = np.array([CurrentPrice])
11      yield Price
12      for i in range(NumberOfPeriods):
13          Price = np.r_[Price * Uptick, Price[-1] / Uptick]
14          yield Price
```

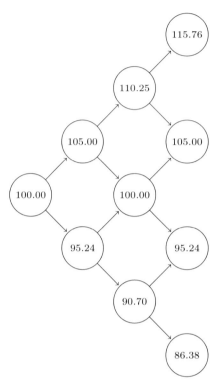

図 **6.3** 原資産価格の二項木

この関数では return 文の代わりに yield 文で値を返すようにしている（第 11 行と第 14 行）．こうすると初めて関数を呼び出したときに最後まで実行しないで最初の yield 文のところで処理を中断する．次に関数が呼び出されたときには，最後に実行された yield 文の次の行から処理を再開し，次の yield 文のところで処理を中断する．これを繰り返しすべての yield 文を実行し終わったら関数はお役御免で終了となる．Binomial_Price_Tree() 内での処理の流れは以下のようにまとめられる．

1 回目の呼び出し　第 11 行の yield 文を実行し，NumPy 配列 Price を返して関数内の処理を止める．

2 回目の呼び出し　第 12 行の for 文から処理を再開する．第 14 行の yield 文を実行し，NumPy 配列 Price を返して関数内の処理を止める．

3 回目の呼び出し　第 12 行の for 文から処理を再開する．ただし変数 i は 1 増えている．第 14 行の yield 文を実行し，NumPy 配列 Price を返して関数

内の処理を止める.

$\vdots$

N 回目の呼び出し 第 12 行の for 文から処理を再開する. ただし変数 i は上限 ($N-1$, 関数内で N は NumberOfPeriods) に達している. 第 14 行の yield 文を実行し, NumPy 配列 Price を返して関数内の処理を止める.

$N+1$ 回目の呼び出し 関数は実行できないので終了する.

このような関数を Python ではジェネレータ関数という. 具体的に第 4〜14 行で定義されている関数 Binomial_Price_Tree() が行っている作業は, 図 6.3 のような原資産価格の二項木の作成である. つまり, 関数内のループで行っている作業は

1 回目 $u \times S$ に $d \times S$ をくっつけて $\begin{bmatrix} uS & dS \end{bmatrix}$ を作る.

2 回目 $u \times \begin{bmatrix} uS & dS \end{bmatrix}$ に $d \times dS$ をくっつけて $\begin{bmatrix} u^2S & S & d^2S \end{bmatrix}$ を作る.

3 回目 $u \times \begin{bmatrix} u^2S & S & d^2S \end{bmatrix}$ に $d \times d^2S$ をくっつけて $\begin{bmatrix} u^3S & uS & dS & d^3S \end{bmatrix}$ を作る.

$\vdots$

を繰り返すことによって, 二項木における各期の原資産価格が順次計算されることになる. この Binomial_Price_Tree() をリスト内包表現で使用することにより, 次々と作成された価格の NumPy 配列をリストに格納していくことができる. 結果として

```
In [2]: Price
Out[2]:
[array([ 100.00]),
 array([ 105.00,    95.24]),
 array([ 110.25,   100.00,    90.70]),
 array([ 115.76,   105.00,    95.24,    86.38])]
```

という 4 つの NumPy 配列を格納したリストが作成される. 原資産価格の二項木ができたので, 次はコールオプションの利得の二項木を作成する. これは第 49 行で実行されている.

```
49 | Payoff_Call = [np.maximum(S - K, 0.0) for S in Price]
```

ここでもリスト内包表現を利用して先ほど作成した Price から各期の価格を取り出して利得を計算し, Payoff_Call というリストに格納している. np.maximum() は名前の通り最大値を返す NumPy 関数である. 生成されたリスト Payoff_Call の内容は以下の通りである.

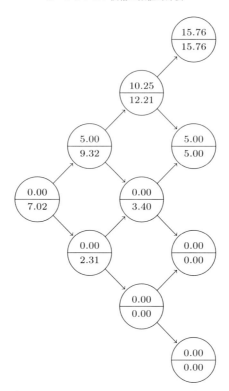

図 6.4 ヨーロピアン・コールオプションの利得（上の数値）と価格（下の数値）

```
In [3]: Payoff_Call
Out[3]:
[array([   0.00]),
 array([   5.00,    0.00]),
 array([  10.25,    0.00,    0.00]),
 array([  15.76,    5.00,    0.00,    0.00])]
```

この計算結果は図 6.4 において円内の上半分の数値として示されている．この利得の
二項木を使ってヨーロピアン・コールオプションの価格を求めているのが第 50 行で
ある．

```
50 │ European_Call = [C for C in European_Option_Pricing(Payoff_Call, 1.0/f, q)]
```

ここでもジェネレータの機能を活用する．`European_Option_Pricing()` のジェネレー
タ関数は第 15〜26 行で定義されている．

```
15  #    ヨーロピアン・オプション価格の計算
16  def European_Option_Pricing(Payoff, DiscountFactor, RiskNeutralProb):
17      #            Payoff: 利得の二項木
18      #    DiscountFactor: 割引係数
19      #    RiskNeutralProb: リスク中立確率
20      #            Output: オプション価格の二項木
21      Premium = Payoff[-1]
22      yield Premium
23      for i in range(len(Payoff) - 1):
24          Premium = (RiskNeutralProb * Premium[:-1] +
25                     (1.0 - RiskNeutralProb) * Premium[1:]) * DiscountFactor
26          yield Premium
```

European_Option_Pricing() と先ほどの Binomial_Price_Tree() を見比べると，ほとんど同じように yield 文を使っていることがわかる．最初の呼び出しで満期日の利得 Payoff[-1] を Premium の初期値に設定し，その後の呼び出しで第 24〜25 行でリスク中立確率に基づく期待利得の現在価値を求めている．Premium[:-1] と Premium[1:] において，同じインデックスの要素は二項木の中で上下隣り合わせになっていることに注意しよう．生成されたリスト European_Call の内容は

```
In [4]: European_Call
Out[4]:
[array([ 15.76,    5.00,    0.00,    0.00]),
 array([ 12.21,    3.40,    0.00]),
 array([  9.32,    2.31]),
 array([  7.02])]
```

となっている．これらの計算結果は図 6.4 において円内の下半分にも示されている．我々が欲しい数値は一番最後の 7.02 である．これがヨーロピアン・コールオプションの価格となっている．

　アメリカン・オプションはヨーロピアン・オプションと異なり，契約時点 0 から満期日 T までの権利行使期間中であればいつでもオプションが行使できる．したがって，オプションの行使時点を τ と表記すると，アメリカン・オプションの買い手は τ を $0 \leq \tau \leq T$ の中から自由に選択できることになる．この τ は**行使戦略**あるいは**停止時間**とも呼ばれる．一見アメリカン・オプションの価格評価は複雑すぎて困難に見えるかもしれないが，幸いなことにヨーロピアン・オプション価格の評価に使った二項モデルでアメリカン・オプション価格の評価も可能である．既に説明したように配当・利子が生じない原資産に対するアメリカン・コールオプションは早期行使されないため，ここではアメリカン・プットオプションの価格のみを考察する．

　まず最初に満期日（第 N 期）にいると仮定する．満期日ではアメリカン・プットオプションの利得はヨーロピアン・プットオプションと同じなので，第 N 期までに原資産価格が j 回上昇したという条件の下でのアメリカン・プットオプション価格 $P_N^{(j)}$ は

$$P_N^{(j)} = \max\{K - S_N^{(j)}, 0\}, \quad (j = 0, \ldots, N),$$

である．時点 $N-1$ ではアメリカン・プットオプションの保有者には

　戦略 A　時点 N にオプションを行使する

　戦略 B　時点 $N-1$ にオプションを行使する

の 2 つの選択肢がある．第 $N-1$ 期においては，第 N 期に行使されるアメリカン・プットオプションは 1 期間ヨーロピアン・プットオプションと同じである．したがって，第 $N-1$ 期までに原資産価格が j 回上昇したという条件の下でのヨーロピアン・プットオプション価格

$$\frac{1}{\delta}\left\{q^* P_N^{(j)} + (1 - q^*) P_N^{(j+1)}\right\}, \quad (j = 0, \ldots, N-1),$$

が戦略 A の価値である．一方，第 $N-1$ 期にオプションを行使した場合には，第 $N-1$ 期までに原資産価格が j 回上昇したという条件の下での利得

$$\max\{K - S_{N-1}^{(j)}, 0\}, \quad (j = 0, \ldots, N-1),$$

が戦略 B の価値となる．オプションの買い手は両者の価値を比較して有利な方を選択するから，第 $N-1$ 期におけるアメリカン・プットオプション価格 $P_{N-1}^{(j)}$ は

$$P_{N-1}^{(j)} = \max\left[K - S_{N-1}^{(j)}, \frac{1}{\delta}\left\{q^* P_N^{(j)} + (1 - q^*) P_N^{(j+1)}\right\}\right], \quad (j = 0, \ldots, N-1),$$

として与えられる．第 $N-2$ 期においても同じ論理を使うと，第 $N-2$ 期までに原資産価格が j 回上昇したという条件の下でのアメリカン・プットオプション価格 $P_{N-2}^{(j)}$ は

$$P_{N-2}^{(j)} = \max\left[K - S_{N-2}^{(j)}, \frac{1}{\delta}\left\{q^* P_{N-1}^{(j)} + (1 - q^*) P_{N-1}^{(j+1)}\right\}\right], \quad (j = 0, \ldots, N-2),$$

となる．この計算を第 0 期まで繰り返していくと，最終的にアメリカン・プットオプション価格 P_0 は

$$P_0 = \max\left[K - S, \frac{1}{\delta}\left\{q^* P_1^{(1)} + (1 - q^*) P_1^{(2)}\right\}\right],$$

として求まる．

　それではアメリカン・プットオプションの価格を計算する Python 演習を行う．先ほどヨーロピアン・コールオプションの価格を計算したときに使用したコード 6.1 の中でアメリカン・プットオプションの価格の計算もできる．この計算のための関数が第 27〜39 行で定義されている `American_Option_Pricing` である．

```
27 | #    アメリカン・オプション価格の計算
28 | def American_Option_Pricing(Payoff, DiscountFactor, RiskNeutralProb):
29 |     #              Payoff: 利得の二項木
30 |     #      DiscountFactor: 割引係数
31 |     #    RiskNeutralProb: リスク中立確率
32 |     #              Output: オプション価格の二項木
33 |     Premium = Payoff[-1]
34 |     yield Premium
35 |     for i in range(2, len(Payoff) + 1):
36 |         Premium = np.maximum(Payoff[-i],
37 |                  (RiskNeutralProb * Premium[:-1] +
38 |                  (1.0 - RiskNeutralProb) * Premium[1:]) * DiscountFactor)
39 |         yield Premium
```

この関数と European_Option_Pricing() の違いは，第 36 行で早期行使の利得 Payoff[-i] と行使を来期以降に持ち越したときのオプションの価値の大きい方を選んでいる箇所だけである．使い方は European_Option_Pricing() と全く同じなので説明は繰り返さない．

```
51 | Payoff_Put = [np.maximum(K - S, 0.0) for S in Price]
52 | European_Put = [P for P in European_Option_Pricing(Payoff_Put, 1.0/f, q)]
53 | American_Put = [P for P in American_Option_Pricing(Payoff_Put, 1.0/f, q)]
```

上記の第 51～53 行でプットオプション価格の計算を行っている．比較のためヨーロピアン・プットオプションの価格も合わせて計算している．計算結果は以下の通りである．

```
In [5]: Payoff_Put
Out[5]:
[array([  0.00]),
 array([  0.00,    4.76]),
 array([  0.00,    0.00,    9.30]),
 array([  0.00,    0.00,    4.76,   13.62])]
```

```
In [6]: European_Put
Out[6]:
[array([  0.00,    0.00,    4.76,   13.62]),
 array([  0.00,    1.43,    7.34]),
 array([  0.43,    3.18]),
 array([  1.25])]
```

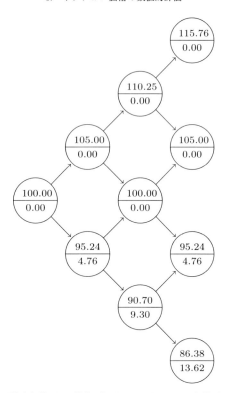

図 **6.5**　原資産価格 (上の数値) とプットオプションの利得（下の数値）

```
In [7]: American_Put
Out[7]:
[array([   0.00,    0.00,    4.76,   13.62]),
 array([   0.00,    1.43,    9.30]),
 array([   0.43,    4.76]),
 array([   1.73])]
```

早期行使したときのプットオプションの利得は図 6.5 に，アメリカン・プットオプションとヨーロピアン・プットオプションの価格は図 6.6 に示されている．図 6.6 の最左端の円内にプットオプションの価格が示されているが，理論通りアメリカン・プットオプションの価格 (1.73) がヨーロピアン・プットオプションの価格 (1.25) よりも高くなっている．

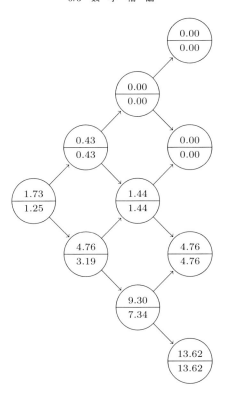

図 **6.6** アメリカン・プットオプション (上の数値) とヨーロピアン・プットオプション
(下の数値) の価格

6.3 数 学 補 論

6.3.1 リスク中立確率に基づく二項モデルがマルチンゲールであることの証明

(6.18) 式は

$$S_n^* = \mathrm{E}^*[S_{n+1}^*|S_n^*], \quad (n = 0, 1, \dots, N), \tag{6.24}$$

が成り立つと,繰り返し期待の法則

$$\mathrm{E}^*[S_{n+2}^*|S_n^*] = \mathrm{E}^*[\mathrm{E}^*[S_{n+2}^*|S_{n+1}^*]|S_n^*] = \mathrm{E}^*[S_{n+1}^*|S_n^*] = S_n^*,$$

を $S_{n+3}^*, S_{n+4}^*, \dots$ と逐次適用することで導かれるから,(6.24) 式を証明するだけで十分である.よって,S_n^* がマルチンゲールであることを証明するには

$$S_n^* = \mathrm{E}^*[S_{n+1}^*|S_n^*]$$
$$\Rightarrow \frac{S_n}{\delta^n} = \mathrm{E}^*\left[\frac{S_{n+1}}{\delta^{n+1}}\middle|S_n^*\right]$$
$$\Rightarrow S_n = \frac{1}{\delta}\mathrm{E}^*[S_{n+1}|S_n],$$

が成り立つことを示せばよい. 第 $n-1$ 期までに原資産価格が j 回上昇したという条件の下での原資産価格 S_{n+1} の条件付期待値の現在価値は

$$\frac{1}{\delta}\mathrm{E}^*[S_{n+1}|S_n^{(j)}] = \frac{1}{\delta}\{q^*uS_n^{(j)} + (1-q^*)dS_n^{(j)}\}$$
$$= \frac{1}{\delta}\{q^*u^{j+1}d^{n-j}S + (1-q^*)u^jd^{n-j+1}S\}$$
$$= \frac{(\delta u - du)u^jd^{n-j}S + (ud - \delta d)u^jd^{n-j}S}{(u-d)\delta}$$
$$= \frac{(u-d)\delta}{(u-d)\delta}u^jd^{n-j}S = S_n^{(j)}, \quad (j = 0, 1, \ldots, n),$$

と展開できるので, S_n^* がマルチンゲールであることがわかる.

6.3.2 Black-Scholes の公式の導出

ヨーロピアン・コールオプションの価格公式の先駆けとして有名なものに Black-Scholes の公式

$$c(0) = S\Phi(d_1) - Ke^{-rT}\Phi(d_2),$$
$$d_1 = \frac{\log\frac{S}{K} + \left(r + \frac{\sigma^2}{2}\right)T}{\sigma\sqrt{T}}, \tag{6.25}$$
$$d_2 = \frac{\log\frac{S}{K} + \left(r - \frac{\sigma^2}{2}\right)T}{\sigma\sqrt{T}} = d_1 - \sigma\sqrt{T},$$

がある. ここで $\Phi(\cdot)$ は標準正規分布の累積分布関数である. コード 6.2 は, この公式でヨーロピアン・コールオプション価格を計算する Python コードである.

▶ **Black-Scholes の公式によるオプション価格の評価**

コード **6.2** pyfin_black_scholes.py

```
1  # -*- coding: utf-8 -*-
2  #   NumPy の読み込み
3  import numpy as np
4  #   SciPy の stats モジュールの読み込み
5  import scipy.stats as st
6  #%% Black-Schole の公式によるヨーロピアン・コールオプション価格の計算
7  S = 100.0
8  K = 100.0
```

```
 9  r = 0.01
10  v = 0.20
11  T = 0.50
12  d1 = (np.log(S/K) + (r + 0.5*v**2) * T) / (v * np.sqrt(T))
13  d2 = d1 - v * np.sqrt(T)
14  BS_Formula = S * st.norm.cdf(d1) - K * np.exp(-r*T) * st.norm.cdf(d2)
```

一方，先に示したように原資産価格の確率過程が二項モデルであるときのヨーロピアン・コールオプション価格は

$$c(0) = S \sum_{j=a}^{N} \binom{N}{j} q'^j (1-q')^{N-j} - Ke^{-rT} \sum_{j=a}^{N} \binom{N}{j} q^{*j}(1-q^*)^{N-j}, \quad (6.26)$$

$$q' = \frac{u - e^{-r\Delta t}}{u-d}, \quad q^* = \frac{e^{r\Delta t} - d}{u-d},$$

(a は $u^j d^{N-j} S \geqq K$ を満たす最小の j である）で与えられる．二項モデルにおける u と d を

$$u = e^{\sigma\sqrt{\Delta t}}, \quad d = e^{-\sigma\sqrt{\Delta t}}, \quad u = \frac{1}{d}$$

とおき，$d < e^{r\Delta t} < u$ の条件を満たすために

$$r\Delta t < \sigma\sqrt{\Delta t} \Rightarrow \sqrt{\Delta t} < \frac{\sigma}{r},$$

と仮定すると，$N \to \infty$ として (6.26) 式の極限として Black-Scholes の公式 (6.25) が導出される．この方法は Cox, Ross and Rubinstein (1979) によって提案されたため，CRR モデルと呼ばれることもある．

証明

X が成功確率 p，試行回数 N の二項分布に従うとき，中心極限定理より，$N \to \infty$ で

$$\frac{X - Np}{\sqrt{Np(1-p)}} \rightsquigarrow \mathcal{N}(0,1),$$

となるから（"$\rightsquigarrow$" は分布の収束を意味する），

$$\lim_{N\to\infty} \sum_{j=a}^{N} \binom{N}{j} p^j (1-p)^{N-j} = 1 - \Phi\left(\frac{a-Np}{\sqrt{Np(1-p)}}\right)$$

$$= \Phi\left(-\frac{a-Np}{\sqrt{Np(1-p)}}\right), \quad (6.27)$$

がいえる．(6.27) 式を使うと，十分大きい N に対してヨーロピアン・コールオプションの価格公式 (6.26) は

$$c(0) = S\Phi\left(-\frac{a-Nq'}{\sqrt{Nq'(1-q')}}\right) - Ke^{-rT}\Phi\left(-\frac{a-Nq^*}{\sqrt{Nq^*(1-q^*)}}\right), \quad (6.28)$$

と近似される. この (6.28) 式と Black-Scholes の公式 (6.25) を見比べると, $N \to \infty$ で

$$\frac{a - Nq'}{\sqrt{Nq'(1 - q')}} \to -d_1, \quad \frac{a - Nq^*}{\sqrt{Nq^*(1 - q^*)}} \to -d_2,$$

と収束することを証明すればよいことがわかる.

大きい N に対して $\Delta t = T/N$ は十分小さくなるから, 指数関数のマクローリン展開によって

$$e^{r\Delta t} \approx 1 + r\Delta t,$$

$$e^{\sigma\sqrt{\Delta t}} \approx 1 + \sigma\sqrt{\Delta t} + \frac{\sigma^2}{2}\Delta t,$$

$$e^{-\sigma\sqrt{\Delta t}} \approx 1 - \sigma\sqrt{\Delta t} + \frac{\sigma^2}{2}\Delta t,$$

と近似できる. これより q' は

$$
\begin{aligned}
q' &= \frac{u - e^{-r\Delta t}}{u - d} = \frac{e^{\sigma\sqrt{\Delta t}} - e^{-r\Delta t}}{e^{\sigma\sqrt{\Delta t}} - e^{-\sigma\sqrt{\Delta t}}} \\
&\approx \frac{(1 + \sigma\sqrt{\Delta t} + \frac{\sigma^2}{2}\Delta t) - (1 - r\Delta t)}{(1 + \sigma\sqrt{\Delta t} + \frac{\sigma^2}{2}\Delta t) - (1 - \sigma\sqrt{\Delta t} + \frac{\sigma^2}{2}\Delta t)} \\
&= \frac{\sigma\sqrt{\Delta t} + (r + \frac{\sigma^2}{2})\Delta t}{2\sigma\sqrt{\Delta t}} \\
&= \frac{1}{2} + \frac{1}{2\sigma}\left(r + \frac{\sigma^2}{2}\right)\sqrt{\Delta t},
\end{aligned}
$$

と近似される. 一方, q^* は

$$
\begin{aligned}
q^* &= \frac{e^{r\Delta t} - d}{u - d} = \frac{e^{r\Delta t} - e^{-\sigma\sqrt{\Delta t}}}{e^{\sigma\sqrt{\Delta t}} - e^{-\sigma\sqrt{\Delta t}}} \\
&\approx \frac{(1 + r\Delta t) - (1 - \sigma\sqrt{\Delta t} + \frac{\sigma^2}{2}\Delta t)}{(1 + \sigma\sqrt{\Delta t} + \frac{\sigma^2}{2}\Delta t) - (1 - \sigma\sqrt{\Delta t} + \frac{\sigma^2}{2}\Delta t)} \\
&= \frac{\sigma\sqrt{\Delta t} + (r - \frac{\sigma^2}{2})\Delta t}{2\sigma\sqrt{\Delta t}} \\
&= \frac{1}{2} + \frac{1}{2\sigma}\left(r - \frac{\sigma^2}{2}\right)\sqrt{\Delta t},
\end{aligned}
$$

と近似される.

正規分布は連続的な確率分布であるから, $N \to \infty$ という極限において $u^a d^{N-a} S = K$ が成り立つ a が存在する. よって, このような a は,

$$a \log u + (N - a) \log d + \log S = \log K$$

$$\Rightarrow a \log \frac{u}{d} = \log \frac{K}{S} - N \log d$$

$$\Rightarrow a = \frac{\log \frac{K}{S} - N \log d}{\log \frac{u}{d}},$$

と展開して

$$a = \frac{\log \frac{K}{S} + \sigma N \sqrt{\Delta t}}{2\sigma \sqrt{\Delta t}},$$

と求められる．q' の近似表現を使うと

$$a - Nq' \approx \frac{\log \frac{K}{S} + \sigma N \sqrt{\Delta t}}{2\sigma \sqrt{\Delta t}}$$

$$- N \left[\frac{1}{2} + \frac{1}{2\sigma} \left(r + \frac{\sigma^2}{2} \right) \sqrt{\Delta t} \right]$$

$$= \frac{\log \frac{K}{S} - \left(r + \frac{\sigma^2}{2} \right) N \Delta t}{2\sigma \sqrt{\Delta t}},$$

および

$$\sqrt{Nq'(1 - q')} \approx \frac{1}{2} \sqrt{N \left\{ 1 - \frac{1}{\sigma^2} \left(r + \frac{\sigma^2}{2} \right)^2 \Delta t \right\}},$$

となる．さらに $T = N\Delta t$ および $N \to \infty$ で $N(\Delta t)^2 = T^2/N \to 0$ であるから，

$$\lim_{N \to \infty} \frac{a - Nq'}{\sqrt{Nq'(1 - q')}} = \lim_{N \to \infty} \frac{\log \frac{K}{S} - \left(r + \frac{\sigma^2}{2} \right) N \Delta t}{\sigma \sqrt{\Delta t} \sqrt{N \left\{ 1 - \frac{1}{\sigma^2} \left(r + \frac{\sigma^2}{2} \right)^2 \Delta t \right\}}}$$

$$= \frac{\log \frac{K}{S} - \left(r + \frac{\sigma^2}{2} \right) T}{\sigma \sqrt{T}} = -d_1,$$

がいえる．同様に

$$a - Nq^* \approx \frac{\log \frac{K}{S} - \left(r - \frac{\sigma^2}{2} \right) N \Delta t}{2\sigma \sqrt{\Delta t}},$$

$$\sqrt{Nq^*(1 - q^*)} \approx \frac{1}{2} \sqrt{N \left\{ 1 - \frac{1}{\sigma^2} \left(r - \frac{\sigma^2}{2} \right)^2 \Delta t \right\}},$$

であることを使って，

$$\lim_{N \to \infty} \frac{a - Nq^*}{\sqrt{Nq^*(1 - q^*)}} = \frac{\log \frac{K}{S} - \left(r - \frac{\sigma^2}{2} \right) T}{\sigma \sqrt{T}} = -d_2,$$

が示される．したがって，二項モデルにおけるヨーロピアン・コールオプションの価格公式 (6.26) の $N \to \infty$ での極限は

$$c(0) = S\Phi\left(\frac{\log\frac{S}{K} + \left(r + \frac{\sigma^2}{2}\right)T}{\sigma\sqrt{T}}\right) - Ke^{-rT}\Phi\left(\frac{\log\frac{S}{K} + \left(r - \frac{\sigma^2}{2}\right)T}{\sigma\sqrt{T}}\right),$$

(6.29)

となる．これは Black-Scholes の公式 (6.25) そのものである．   □

文　　献

1) 池田昌幸 (2000). 『金融経済学の基礎』（ファイナンス講座 2），朝倉書店.

2) 枇々木規雄 (2001). 『金融工学と最適化』（経営科学のニューフロンティア 5），朝倉書店.

3) Black, F. and M. Scholes (1973). "The Pricing of Options and Corporate Liabilities," *Journal of Political Economy*, 81, 637–654.

4) Chaves, D., J. Hsu, F. Li and O. Shakerina (2012). "Efficient Algorithms for Computing Risk Parity Portfolio Weights," *Journal of Investing*, 21, 150–163.

5) Choueifaty, Y. and Y. Coignard (2008). "Toward Maximum Diversification," *Journal of Portfolio Management*, 35, 40–51.

6) Cox, J. C., S. A. Ross and M. Rubinstein (1979). "Option Pricing: A Simplified Approach," *Journal of Financial Economics*, 7, 229–263.

7) de La Grandville, O. (2001). *Bond Pricing and Portfolio Analysis: Protesting Investors in the Long Run*, MIT Press.

8) Diamond, S. and S. Boyd (2016). "CVXPY: A Python-Embedded Modeling Language for Convex Optimization," *Journal of Machine Learning Research*, 17, 1–5.

9) Hilpisch, Y. (2014). *Python for Finance: Analyze Big Financial Data*, O'Reilly.

10) Hull, J. C. (2015). *Options, Futures, and Other Derivatives*, 9th ed., Pearson.（三菱 UFJ モルガン・スタンレー証券市場商品本部 訳 (2016). 『フィナンシャルエンジニアリング–デリバティブ取引とリスク管理の総体系 第 9 版』，金融財政事情研究会.）

11) Konno, H. and H. Yamazaki (1991). "Mean-Absolute Deviation Portfolio Optimization Model and Its Applications to Tokyo Stock Market," *Management Science*, 37, 519–531.

12) Luenberger, D. G. (2013). *Investment Science*, 2nd ed., Oxford University Press.（今野浩・鈴木賢一・枇々木規雄 訳 (2015). 『金融工学入門 第 2 版』，日本経済新聞社.）

13) Ma, W. J. (2015). *Mastering Python for Finance: Understand, Design, and Implement State-of-the Art Mathematical and Statistical Applications Used in Finance With Python*, Packt Publishing.

14) Markowitz, H. (1952). "Portfolio Selection," *Journal of Finance*, 7, 77–91.

15) Markowitz, H. (1959). *Portfolio Selection: Efficient Diversification of Investments*, Wiley.

16) Maillard, S., T. Roncalli and J. Teïletche (2010). "The Properties of Equally Weighted Risk Contribution Portfolios," *Journal of Portfolio Management*, 36, 60–70.

17) Nelson, C. R. and A. F. Siegel (1987). "Parsimonious Modeling of Yield Curves," *Journal of Business*, 60, 473–489.

18) Rockafellar, R. T. and S. Uryasev (2000). "Optimization of Conditional Value-at-Risk," *Journal of Risk*, 2, 21–41.

19) Qian, E. (2006). "On the Financial Interpretation of Risk Contribution: Risk Budgets Do Add Up," *Journal of Investment Management*, 4, 41–51.

索　　引

著者略歴

なか つま てる お
中 妻 照 雄

1968 年　徳島県に生まれる
1991 年　筑波大学第三学群社会工学類卒業
1998 年　ラトガーズ大学大学院経済学研究科博士課程修了
現　在　慶應義塾大学経済学部経済学科教授
　　　　Ph. D.（経済学）
主　著　『ファイナンスのための MCMC 法によるベイズ分析』
　　　　（三菱経済研究所，2003）
　　　　『入門 ベイズ統計学』（ファイナンス・ライブラリー 10，
　　　　朝倉書店，2007）
　　　　『実践 ベイズ統計学』（ファイナンス・ライブラリー 12，
　　　　朝倉書店，2013）

実践 Python ライブラリー
Python によるファイナンス入門　　　定価はカバーに表示

2018 年 2 月 10 日　初版第 1 刷
2023 年 2 月 25 日　　　第 3 刷

著　者　中　妻　照　雄
発行者　朝　倉　誠　造
発行所　株式会社　朝　倉　書　店

東京都新宿区新小川町6-29
郵便番号　162-8707
電　話　03（3260）0141
ＦＡＸ　03（3260）0180
https://www.asakura.co.jp

〈検印省略〉

© 2018 〈無断複写・転載を禁ず〉　　　　中央印刷・渡辺製本

ISBN 978-4-254-12894-9　C 3341　　　Printed in Japan